# 宇宙從我心中生起

21世紀的革命性理論「生命宇宙論」，
生命和意識才是了解這個宇宙的關鍵



# BIOCENTRISM

How Life and
Consciousness are the Keys to
Understanding the True
Nature of the Universe

生命與意識是了解宇宙本質的關鍵

# 生命宇宙論七大法則

## ●生命宇宙論第一法則

我們感知到的真實是一個與意識有關的過程。「外在」真實如果存在的話，依照定義應該會存在空間之中。但這是毫無意義的，因為空間與時間都不是絕對的真實，而是人類與動物心智的工具。

## ●生命宇宙論第二法則

外在感知與內在感知密不可分。兩者猶如硬幣的兩面，無法分割。

## ●生命宇宙論第三法則

次原子粒子的行為（意即所有的粒子與物體）與觀察者息息相關。少了有意識的觀察者，它們充其量只是處於一種尚未確定的機率波狀態。

## ●生命宇宙論第四法則

少了意識的存在，「物質」處於尚未確定的機率狀態。意識存在前的任何宇宙只可能處於一種機率狀態。

## ●生命宇宙論第五法則

宇宙結構唯有透過生命宇宙論才能解釋。宇宙專為生命量身打造，這一點合情合理，因為生命創造宇宙，而非宇宙創造生命。宇宙只是自我的全套時空邏輯。

## ●生命宇宙論第六法則

少了動物的感知，時間根本不存在。我們用時間這種過程來感知宇宙內的變化。

## ●生命宇宙論第七法則

空間跟時間一樣，並非物體或東西。空間是動物理解的一種形式，不具有獨立的真實性。我們隨身攜帶空間與時間，就像烏龜背負著龜殼。因此沒有生命，事件就沒有絕對獨立存在的基礎。

【推薦序】

# 羅伯・蘭薩《生命宇宙論》的自然與必然

## 源起：初生之犢的勇氣與持續科研的堅持

羅伯・蘭薩（Robert Lanza, MD）出生於一九五六年，是一個在波士頓市郊史托頓（Stoughton）小鎮自然環境中成長的義大利裔美國小孩。他對於十九世紀兩位生活於波士頓地區的知名美國作家愛默生（Ralph Emerson，被林肯總統尊稱為美國文明之父）與梭羅（Henry David Thoreau，著有膾炙人口的《湖濱散記》）對當地自然環境的敘述，有著第一手的體驗。

他在初中與高中時代，就因為參加學校科學展覽的需要與仰慕大師的熱情，獨自跑到附近的哈佛大學與麻省理工學院去找指導老師與研究工作，而且居然兩次也都被他巧遇的老師們所歡迎與接納。這兩次順利的入門經驗，使得這位年輕人決定繼續從事生命科學研究的生涯。在賓州大學拿到醫學士後，他以相當的自信與經歷，持續在生命科技的領域中參與最好的團隊與最新領域的研究。

他的學術生涯早期，曾經跟隨過行為心理學大師史金納（B. F. Skinner），以及發現小兒麻痺疫苗的免疫學家沙克（Jonas Salk）與換心醫生巴納德（Christiaan Barnard）等生物科學界名人。

這些傳統生理學、認知心理學與分子生物學的相關訓練與經歷，無疑為他日後在幹細胞與再生醫學等先驅領域闖出專業地位做了扎實的準備；當然，這也讓他對於當今科學界迷失於獨尊物質宇宙論的奇怪現象有所警惕，而且願意承擔風險，跳出來提供科學界另類的選擇。

## 現況：夾在物理學說的國王新衣與西方的宗教舊袍之間

過去二、三十年來，因為物理學家試圖調和與連結量子力學及相對論的某些整合上的困難，完成所謂的大一統（宇宙）GUT理論，而讓科學家（主要是精通物理數學的專家與相關學者）提出的超弦理論與多維度時空的觀念與假說大行其道；隨後又出現了名為「暗物質」與「暗能量」（分別占宇宙百分之二十六與六十八〔合計百分之九十五〕以上成分）的未知物質與能量的說法。由於這些都是少數物理學家對於未知現象的假說與高深數學運算的結果，所以除非觀察與實驗能夠進一步驗證這些假說的正確性，我們也只能以樂觀其成的態度聽聽，不需要太激動地表達支持或反對。

像是量子物理奇幻時空纏繞的觀念，就花了將近半個世紀的驗證與說明，才讓大眾逐步接受觀察者的觀察行為居然會對客觀被觀察的物質有一定的實質影響。而且它可能不只是限制在微觀世界的現象，在二〇〇五年就有針對大於一公分的碳酸氫鉀晶體的量子纏繞實驗發表，也就是說巨觀世界如人類（甚至更大）尺寸的世界，也可能被觀測到有量子現象。這是在以還原論為主流的（唯）物（質）理科學理論社群中，不太願意面對的科學事實。更不要說每一個人都可看到與經歷到的生命（能量）與思維（意識）現象，更是完全被主流物（質）理科學界放在被動與不需要被考慮的次要地位。

作者邀請了一位天文物理學家一起寫書，花了相當的篇幅以科學的最新實驗結果（到二〇〇五年左右）與簡單的歸納邏輯，來指出以上所謂的主流物（質）理科學立場的不合理與偏執。由於主流科學界無法用他們兩位是科學局外人或是研究領域已經過時或褊狹的說法，來忽略這種來自內部、又是非常鮮明的反對主流意見。加上作者一直都有寫文章發表在科普與人文期刊的習慣，所以西方主要媒體也樂於提供平臺與訪問時間，讓作者表達意見。至少作者仍然完全支持科學的理性態度與方法，只是認為當今物質科學的主流思考應該已經走到了盡頭，應該把生命（能量）與思維（意識）的現象提到更重要的位置上，因此格外值得我們這些繳稅支持科技預算的大眾所鼓勵與珍惜。

當然作者也知道在美國的一些保守勢力，試圖以智慧設計的新名詞，來重新包裝西方宗教（主要是《舊約》）的上帝創造論，希望與科學的生物演化論在課堂中受到平等對待。這種希望打破美國政教分離傳統的時代逆流，當然不受到作者的支持。不過我們可由作者將西方宗教（猶太、基督、伊斯蘭教為主）與東方宗教（佛教、印度教）分開討論，就知道西方科技知識份子對於東方宗教的宇宙論（如三千世界）、因果律與心理觀察（如唯識論）是比較有親切感的，因為它們也是現代科學逐步發現或趨近的現象或角度。比起過去西方知識份子論述宗教與科學關係往往以基督教為唯一對象，這又是一項時代的進步。

## 突破：穿插人本情懷、生命觀察與堅實邏輯，強調生命與意識重要性的未來科學觀點

作者將家人與朋友的生老病死等各種人生經驗，穿插在嚴肅討論科學理論與學說的章節之外，讓讀者能夠切身體會為什麼作者會跳脫出所謂的科學主流意識型態。因為他對於人性的關懷與體驗，非常合情合理地讓他對這些不合情又不合理的僵化或物化思想提出反省。所以他逐步提出了七條生命宇宙論的法則與假說，讓任何有科學方法訓練的科技人員，都可以逐步去比較現有的科學實驗結果，並規畫未來的實驗，以測試這些法理與假說是否成立。

事實上，對於科學家提出自己的理論與假說因而舉世聞名，卻在自己還在世時就看到自己的理論逐漸不受重視（退流行），對此，作者有過親身體驗，那就是他在哈佛的指導教授史金納（1904–1990）的基本教義派的行為心理學。這種只看人類與動物行為的外在與環境誘因的心理學派，自從二十世紀初因為動物制約實驗成功之後在美國興起，也有相當的科學驗證與後續影響。但因為較為極端地不相信人有自由意識，又未趕上訊息處理與人工智慧的浪潮，而逐步被認知心理學取代。因此，蘭薩居然願意挺身而出，提出大格局創新的生命與意識主導物質宇宙，而非是物質決定了生命與意識的科學觀點，並特別與西方宗教傳統某些概念劃清界線，也是科學家的異數。

由於蘭薩理解人類的一般語言與生活時空觀念的限制，所以雖然他相信人可以超越身體死亡的限制，但他還是積極投入與鼓勵他人以科學的態度與手段繼續研究巨觀量子現象、腦科學、人

工智慧、自由意識，甚至統一場論等領域，來決定他提出的生命宇宙論相較於物質為先的主流宇宙理論何者正確?!

## 趨勢：科學與社會典範大移轉的重要一環

也就在看完蘭薩一書的同時，我有機會看到另一本由社會記者史蒂文．伏克（Steven Volk）所寫的新書《邊緣科學》（*Fringe-ology*, 2011），該書研究的主題更為廣泛、更具爭議性，但作者對社會現象調查的敏銳觀察力與綜合敘事能力，使得讀者對這兩位作者都能夠產生信心。

《邊緣科學》的副標是「為何我想找理由回絕邊緣科學研究的內容，卻辦不到?!」。這本書討論了科學主流理論無法面對的邊緣科學實驗或觀察結果，像是麻醉醫師的腦微管量子結構、內知科學院的心靈實驗、清醒夢境、幽浮現象、瀕死經驗、鬼屋等，所以只好由一些只有意識型態但缺乏實驗數據與客觀態度的所謂揭弊者（Debunker，或自稱懷疑者）來叫陣與鬧場。而一般媒體通常會找來所謂的對立兩方，各自呈現觀點，不下結論地讓觀眾自己去決定，甚至是流俗地支持所謂的揭弊者或主流物質科學立場；現代資訊雖然多元又海量，但真正的科學真相卻不易呈現，無法讓一般大眾客觀地判定真假。還好有像伏克這種沒有包袱與預定立場、又不被科技名詞與所謂的揭弊者所嚇唬的社會報導記者，願意跳入邊緣科技報導與評論的領域。

這兩本書的共通點是麻醉科學家史都華．哈默洛夫（Stuart Hameroff），根據牛津大學數學物理與科學哲學家羅傑．潘洛斯（Roger Penrose）的理論，大膽指出腦神經細胞內可能是以極小的微管結構來處理有量子特性的信息共振——這與傳統腦科學理論說的以神經細胞間的間質電化學方式來傳導知覺，是完全不同層次的現象，也因此未來可能將被更新的實驗所驗證與討論。當然這兩位科學家也因為這類大膽的假設而受到許多責難，甚至攻擊，不過經過二十年後，目前還沒有任何定論，或許我們就應該客觀地等待實驗與觀察來證明，這總比原來只是迷信地相信腦內一定沒有量子現象的一灘死水要有希望。最後結果可能是兩邊都不對，但這也是一種科學的成就。

至於更為強烈的來自內部的批評與反省，則是由劍橋大學畢業的生物學家Rupert Sheldrake（1942–）為代表。他一直以生物實驗為基礎，很早（1981）就提出大膽的「型態」（源場）共振（Morphic Resonance，或稱 Morphogenetic Fields）假說，來解釋生物同時性學習的現象，後來又以《知道主人何時回家的狗》（*Dogs That Know When Their Owners Are Coming Home*，1999）與《知道被別人盯著看的感覺》（*The Sense of Being Stared at*，2003）等幾本非常貼近一般人經驗、卻是討論嚴肅思維科學主題的科普書而聞名。最近他又出了《讓科學自由飛揚》（*Science Set Free*, 2012），精采反省了科學界僵化與兩舌現象，一章一章逐條討論唯物科學主流十項有問題的假說（作者甚至用「教條」來指名）。

當然這世界在科學領域之外，也有像達賴喇嘛這類精神領袖，願意開放地與科學界對話，並提供有相當禪修成就的喇嘛給歐美的研究機構（如威斯康辛大學麥迪遜分校與哈佛大學等）做腦部掃描的研究，結果也打破了傳統腦科學的認知，發現禪修可以有益地改變腦結構。

由以上這些發展來看，未來科學的發展已經跳出了過去將近兩百年來傳統物（質）理意識型態的（教條）限制。就像是精靈被放出了魔瓶，不可能再被抓回瓶子裡。蘭薩的這本書適時地綜合了一個學界大多能夠接受的理論架構來討論生命與意識，所謂「時勢造英雄，英雄也造時勢」，故樂為之序。

目錄 CONTENTS

驚人的「雙狹縫實驗」改變了人類的宇宙觀，也是生命宇宙論的支柱。無論我們如何設計實驗都一樣，我們的心智與它所知道或不知道的事情，是決定光子或粒子行為的唯一因素。「外在」物體的具體行為取決於觀察者。



看似無聊的宇宙特性只要稍加改變，就能輕鬆創造出一個沒有人會感到無聊的新宇宙，因為人類根本不可能存在於這個新宇宙裡。如果宇宙在觀察者出現之前都處於不確定狀態，而且這種不確定狀態也包括各種基本常數，那麼它最後選擇的狀態一定會把觀察者納入考量，常數的決定也一定會適合生命。

【作者序】

# 全新的宇宙論

## 大霹靂理論無法解釋的事

人類對宇宙的整體了解已走入死胡同。從一九三〇年代發現量子物理學以來，量子物理學的「意義」就一直備受爭議，即便到了今日，我們對它的了解依然沒有太多進展。幾十年來一直只聞樓梯響的「萬有理論」（theory of everything）❶被抽象的弦論（string theory）❷逼入死角動彈不得，因為弦論至今仍是尚未證明且無法證明的主張。

實際情況更糟。人類一直以為自己對宇宙的構造早已瞭若指掌，直到最近才發現宇宙有百分之九十六的構成物是暗物質（dark matter）❸與暗能量（dark energy）❹，而人類對此一無所知。儘管需要諸多解釋才能符合觀察結果，我們還是接受了大霹靂理論（the Big Bang）❺。（我們接受了一九七九年提出的宇宙暴脹理論〔Inflationary theory〕❻，但是這個理論背後的物理機制仍屬未知。）其實就連大霹靂理論也無法解釋宇宙中最神祕的現象之一：**為什麼宇宙的各項條件如此適合生命存在？**

我們所了解的宇宙基本原理正在我們的眼前漸漸瓦解。我們蒐集到的數據愈多，就愈需要修改之前的理論或摒棄不成立的研究結果。

## 生命宇宙論：劃時代的革命性宇宙論

本書將提出一個全新觀點：除非目前針對實體世界的理論可以解釋生命（life）與意識（consciousness），否則這些理論並不成立，而且永遠無法成立。本書提出生命與意識並不是無生命的物理過程發展了數十億年之後，才不小心出現的結果；生命與意識絕對是我們了解宇宙的關鍵。我們稱這種新觀點為「生命宇宙論」（Biocentrism）。

---

**編按：本書所加注解皆為譯注，除特別標注者，資料來源皆取自維基百科。**

❶宇宙中有四種基本作用力：重力、電磁力、強作用力與弱作用力。萬有理論是能夠把四種作用力統合在一起的物理理論，但目前尚未出現。

❷尚在發展的理論物理學，以「能量弦線」做為最基本的單位來說明宇宙裡所有微觀粒子皆由一維的「能量弦線」所組成。

❸在宇宙學定義中，暗物質指的是無法透過電磁波的觀測進行研究，也就是不與電磁力產生作用的物質。人類目前只能透過重力產生的效應，得知暗物質的存在。

❹在物理宇宙學中，暗能量是一種充溢空間的、增加宇宙膨脹速度且難以察覺的能量形式。暗能量假說是當今對宇宙加速膨脹的觀測結果的解釋中最為流行的一種。在宇宙標準模型中，暗能量占據宇宙 68.3% 的質能。

❺描述宇宙誕生的理論，又稱大爆炸。科學家觀察到星雲正在遠離地球，推導出宇宙正在膨脹，以理論進行時間反演後，得知宇宙曾經在密度與溫度都無限高的狀態下突然膨脹，也就是所謂的「大霹靂」。

❻宇宙暴脹是一個過程，發生在大霹靂（或大爆炸）後 $10^{-36}$ 秒開始，持續到 $10^{-33}$ 至 $10^{-32}$ 秒之間。暴脹之後宇宙繼續膨脹，只是速度緩慢許多。

生命宇宙論認為，生命不是物理定律下偶然出現的副產品，大自然或宇宙史也不是課本裡寫的那樣，像一場枯燥的撞球。

## 用生物學回答宇宙的難題，讓你眼中的「真實」改頭換面

我們將透過一位生物學家和一位天文學家的眼睛，打開西方科學不知不覺將自己禁錮其中的牢籠。如果二十世紀是物理學的時代，那麼二十一世紀將是生物學的天下。在剛邁入二十一世紀的此刻，顛覆宇宙、統整基礎科學似乎正是時候；我們用的不是只存在於想像中的弦論，而是一個更簡單的概念，其中充滿諸多驚人的新觀點，這個概念可能會讓我們眼中的「真實」改頭換面。

生命宇宙論看似背離我們目前的認知，事實上也的確如此，但是幾十年來，我們的身邊早已出現各種蛛絲馬跡。生命宇宙論的推論可能與東方宗教或某些新時代（New Age）的觀念相呼應。這一點非常有趣，但是請放心，本書與新時代運動毫無關聯。生命宇宙論以主流科學做為立論基礎，也延續了幾位偉大科學家做過的研究。

生命宇宙論能為物理學和宇宙論的新研究奠定基礎。本書將詳細說明生命宇宙論的法則，每項法則都奠基於已確立的科學證據，值得我們重新思考現行的實體宇宙理論。

第一章

# 大霹靂的前一天發生了什麼事？

## ——意識，宇宙的關鍵構成要素

宇宙的古怪程度不但超越我們的想像，甚至超越我們的「想像力」。

——約翰·霍爾丹（John Haldane），《可能的世界》（*Possible Worlds*，1927）

## 宇宙跟你想的不一樣

基本上，這世界並不是教科書裡所描繪的模樣。文藝復興之後，幾個世紀以來世人對宇宙結構所抱持的單一心態主宰了科學思維。這種思維帶我們深入了解宇宙的性質，並透過無數的實際應用，改變了人類生活的各個層面。但是這種思維正逐漸失效，必須用另一種截然不同的思維加以取代；新思維反映出至今仍完全被忽視的更深層的現實（reality）。

這種新思維並非突然從天而降，反而像是六千五百萬年前隕石撞擊地球改變了生物圈那樣。這是一種深層、漸進，如板塊移動般的緩慢改變，而且這改變的根基深刻到永遠無法逆轉。這種新思維源自理性的憂慮，只要是受過教育的人都能明確感受到。這股憂慮並非奠基於毫無根據的理論，也不是源自目前大家積極追求的大統一理論（Grand Unified Theory）❶中的矛盾。這個問題深刻到能讓每個人都**察覺**到我們對宇宙的想像有點奇怪。

### 意識到底是怎麼出現的？

舊有思維主張宇宙是由無生命的粒子互相碰撞所形成（直到最近這種觀念才有所改變），遵循著起源未知的預設規則。宇宙像一隻會自動上鍊的手錶，在一定程度量子隨機性的情況下，手錶的發條鬆開具有一部分的可預測性。生命經由某種未知的過程出現在地球上，然後遵循相同的物理原則，透過演化慢慢轉變型態。生命包含意識，但是我們對意識不但所知有限，還把它完全丟給生物學家去煩惱。

可是，這種想法大有問題。意識不只跟生物學有關，也跟物理學有關。現代物理學完全無法解釋大腦裡的分子群如何製造出意識。日落之美、墜入愛河的奇蹟、美食佳餚的滋味，都是現代科學無法解開的謎團。**科學無法解釋意識是怎麼出現的。**我們現在使用的思維無法說明意識，而我們對這人類存在最基本的現象一無所知。有趣的是，目前的物理學思維甚至沒有把這種情況視為問題。

然而意識在一個截然不同的物理學領域中再度出現了，此事並非巧合。大家都知道量子論擁有完美的數學公式，在邏輯上卻說不通。我們將在稍後的章節中仔細探討粒子的行為，粒子似乎會對有意識的觀察者做出回應。

因為這種現象實在太古怪，所以量子物理學家認為量子論無法解釋，或是拚命想用複雜的理論來解釋（例如有無限個平行宇宙）。其實最簡單的解釋是：次原子粒子（subatomic particle）❷會與意識進行某種程度的互動。這個解釋太不符合目前的物理學思維，所以沒有受到認真對待。有趣的是，**物理學的兩大謎團都跟意識有關。**

❶能解釋電磁力、強作用力與弱作用力的單一理論。
❷比原子還小的粒子，例如電子、中子、質子、介子、夸克等等。

# 大霹靂之前有什麼？

就算暫時不討論意識，目前的物理學思維依然無法完全解釋宇宙的基本原理。根據最近的修改，宇宙在一百三十七億年前突然出現，當時發生了一件被戲稱為「大霹靂」的巨大事件。我們不太清楚大霹靂的發生原因，只能不斷提出各種細節去拼湊全貌，例如宇宙擴張；雖然我們尚未了解宇宙擴張的物理學原理，但是宇宙擴張可用來解釋我們的觀察結果。

## 大霹靂理論的死胡同

當一個小學六年級的學生提出「大霹靂之前有什麼？」這種最基本的問題時，學識淵博的老師應該早有答案：「『時間』在大霹靂發生之前尚未存在，因為先有了物質跟能量才有時間，所以這個問題沒有意義，就好像問『北極的北邊是什麼？』一樣。」這時候學生只能閉上嘴巴、乖乖坐下，大家都假裝老師剛剛傳授了真正的知識。

有人會問：「宇宙會擴張到多大？」教授當然也有備而來：「少了定義空間的物體就無法衡量空間，因此我們只能想像宇宙的空間正在逐漸擴張。此外，你不能從『由外而內』的角度來想像宇宙，因為宇宙外面沒有東西，所以這個問題沒有意義。」

「那麼，你至少能說一下大霹靂是什麼吧？大霹靂有原因嗎？」多年來，當本書的共同作者博曼懶得回答這個問題的時候，就會用一種人工語音的呆板語氣向臺下的大學生引述標準答案：「我們觀察粒子在空無一物的空間裡出現又消失，也就是所謂的量子起伏（quantum fluctuation）。如果時間夠長，就可以觀察到一次量子起伏裡有足以讓一整個宇宙出現的大量粒子。如果宇宙真的是量子起伏的話，就會呈現出我們所觀察到的特性！」

學生安靜地坐下。就是這樣沒錯！宇宙是量子起伏！我終於搞清楚了。

其實教授自己獨處的時候，偶爾也會好奇大霹靂的前一天到底發生了什麼事。他心知肚明，一切不可能無中生有。大霹靂無法解釋萬物的起源，充其量只能為一個正在持續、而且很可能會永遠持續的事件提供部分描述。簡言之，大霹靂是關於宇宙起源和宇宙本質最廣為人知也最普及的「解釋」之一，但是每當它看似即將觸及問題核心的時候，就會硬生生撞上一面空白的高牆。

遊行隊伍裡一定會有幾個人注意到，國王的治裝預算好像被刪減了。敬重權威、承認理論物理學家聰明絕頂是一回事（雖然他們吃飯時很容易把醬汁滴在衣服上），但是每個人一定都想過或至少感覺到一件事：「這是行不通的。這個理論無法解釋最基本的問題。這種說法從頭到尾都無法令人滿意。聽起來就是不對。它沒有回答我的問題。這些象牙塔裡面一定出了錯，而且不是愚蠢的大學男生亂玩硫化氫這麼簡單的錯誤。」

就像老鼠在船即將沉沒時湧上甲板，現行的思維也湧現諸多問題。我們熟悉的重子物質（baryonic matter）❸，也就是我們眼前看到的一切有形物體和所有的已知能量，突然減少到僅占

---

❸「重子」是由三個夸克組成的複合粒子。重子物質是指從質量上來看，主要是由重子所組成的物質。

宇宙的百分之四，暗物質約占百分之二十四。宇宙的真實主體突然變成暗能量，一個極為神祕的名詞。別忘了宇宙仍在持續擴張，而非縮小。短短幾年內，宇宙的基本性質已澈底改變，只不過辦公室裡的閒聊並不會討論這種事。

## 為什麼宇宙恰好適合生物生存？

幾十年來，針對已知的宇宙結構裡所存在的基本矛盾曾有過大量討論。為什麼物理定律剛好適合動物生存？例如，只要大霹靂的強度提高百萬分之一，擴張的速度就會快到不可能形成銀河系和生命。如果強核力（strong nuclear force）❹減少百分之二，原子核就無法保持完整，普通的氫就會變成宇宙裡唯一的原子。如果重力再減弱一點點，恆星（包括太陽）就不會燃燒。**太陽系和宇宙有兩百多個物理參數（physical parameters），這只是其中三個。**它們精確到令人難以相信是隨機出現的——儘管這正是當代物理學大膽提出的解釋。**這些宇宙基本常數（也就是並非任何理論預測的常數）似乎都是為了生命與意識的存在精心挑選出來的，而且通常極為精準**（是的，矛盾難解的意識第三度抬頭）。舊有思維無法提供合理的解釋，但是生命宇宙論可以提供答案，繼續看下去就知道。

還沒完呢。能準確解釋無規律運動的方程式與小尺度運動的觀察結果相違背，說得更明白一點：**愛因斯坦的相對論並不符合量子力學。**宇宙起源的各個理論只要一碰到關鍵事件就會走進死胡同，那就是大霹靂。想要把所有理論融合成一個基礎理論（目前最流行的是弦論），至少需要再動用八個維度（dimension）❺，這八個維度都不存在於人類經驗之中，也完全無法用實驗加以驗證。

追根究柢，今日的科學很擅長解釋零件如何運作。就像把時鐘拆開後，正確算出每個轉盤與齒輪上有幾個輪齒，計算飛輪旋轉的速度。

我們知道火星轉一圈需要24小時37分鐘23秒，這是完全準確的數據。然而，我們無法解釋宇宙全貌。我們能提供片段的答案，也因為愈來愈了解物理過程，而創造出更為精準的新技術；對於新發現的應用，連我們自己都讚歎不已——我們只有在一個領域表現得很糟糕，遺憾的是，這個領域涵蓋了最根本的問題：我們所謂的「真實」，也就是宇宙整體，它的本質到底是什麼？

## 泥坑宇宙

任何解釋宇宙整體狀態的比喻，都把宇宙形容成……一個沼澤，而且有常識的鱷魚打死都不會進入這個沼澤。

---

❹又稱「強作用力」，是宇宙的四種作用力之一，僅在原子核上觀察到。

❺又稱維數，在物理與哲學的領域裡，意指獨立的時空座標的數目。例如，由長與寬組成的平面是二維，長、寬、高組成的立體是三維。

## 上帝、萬有理論，還是「我不知道」？

宗教總是避免或拖延回答這些深刻的基本問題，在這方面宗教是逃避高手。每一個有思考能力的人都知道棋盤上的最後一格是無法解開的謎團，而且絕對避無可避。所以，當我們再也無法解釋宇宙為何物，也說不出宇宙出現之前到底發生了什麼事情時，就說「上帝是造物者」。別誤會，本書不打算討論宗教或評斷這種宗教思想是否正確，只是提出神靈曾經是極為必要的手段，為宇宙的研究提供一個不言自明的終點。一個世紀前的科學文獻在碰到非常艱深而難以回答的問題時，還經常引述上帝和「上帝的榮耀」。

即使到了今天，類似的謙卑態度依然屢見不鮮。雖然現在科學家不再引述上帝（嚴謹的科學研究不能這麼做），但是尚未出現任何實體或手段能當「我不知道」這個終極答案的代名詞。相反地，有些科學家（例如史蒂芬・霍金〔Stephen Hawking〕跟已故的卡爾・薩根〔Carl Sagan〕）堅信「萬有理論」即將出現，然後人類將會了解一切——這一天隨時會到來。

但是這一天尚未到來，也永遠不會到來。原因不是我們不夠努力或不夠聰明，而是最基本的世界觀有瑕疵。除了過去相互矛盾的眾多理論之外，仍有許多未知的問題紛沓出現，令人沮喪。

## 宇宙的關鍵構成要素，竟然是意識？

其實解決之道唾手可得。隨著舊有思維瓦解，這個解決之道出現的頻率指引我們看見呼之欲出的答案。其實根本的問題在於我們長期忽視宇宙的一項關鍵構成要素，因為我們不知道怎麼處理它。這個構成要素就是「意識」。

第二章

# 生命宇宙論
## ——少了生物，外在宇宙就不可能存在

萬物歸一。

——赫拉克利特（Heraclitus，BC540-BC480），《論宇宙》（*On the Universe*）

## 科學無法為生命提供完整的解釋

身為一個專門用科學方法挑戰極限的人（幹細胞研究、動物複製、逆轉細胞老化），如何證明自己專業領域的極限？

可是科學的確無法為生命提供完整的解釋。我立刻就能想出日常生活中的實例。

我住在一座小島上，不久前我走在返家的堤道上，當時池水幽暗靜謐，我停下腳步，關掉手電筒。路旁有幾個奇特的發光物體吸引了我的注意。我以為那是南瓜燈菇（*Clitocybe illudens*）的螢光蕈帽，從腐爛的葉子堆裡冒出頭來。

我蹲下來用手電筒觀察其中一朵，沒想到是一隻發光的小蟲，牠是歐洲螢火蟲（*Lampyris noctiluca*）的發光幼蟲。一節一節的橢圓形身體看起來有種原始感，彷彿五百萬年前從寒武紀的大海裡爬出來的三葉蟲。螢火蟲跟我靜靜對望，兩個生物進入彼此的世界；其實我們在本質上早已彼此相連。牠不再發出綠色螢光，我也關掉了手電筒。

不知道這場邂逅跟宇宙裡的兩個物體相逢有何不同。這隻原始的幼蟲是不是原子的組合物——亦即一群蛋白質與分子如行星繞行太陽般旋轉？機械論者的邏輯能否加以解釋？

### 了解生命，絕對無法略過感官認知與經驗

物理和化學定律的確能夠解答生物的基本原理，身為醫生，我可以詳述動物細胞的化學原理

與細胞結構：氧化作用、新陳代謝、碳水化合物、脂質與胺基酸模式。但是，這隻發光小蟲不只是生物化學功能組成的個體。**光是分析細胞跟分子不足以澈底了解何謂生命，相反的，肉體的存在不可能從動物生命和其構成中分離出來，是它們在協調控管感官知覺和經驗。**

在這隻蟲子的物質現實世界中，牠本身就是世界的中心，就像我也是我自己的世界中心一樣。我們的連結不只是交纏的意識，也不只是因為我們存在於地球三十九億年生物史中的同一時刻，而是某一種既神祕又具有深意的東西：一種做為宇宙樣板的模式。

當外星人看到一張印著貓王的郵票時，它們看見的不只是流行音樂史的縮影。印刷這張郵票的嵌條所訴說的故事，足以照亮蟲洞深處——前提是抱持著正確的心態去了解。

雖然這隻小蟲只是靜靜待在黑暗中，但是牠有整齊排列在節狀身體兩側的腳，也有傳遞訊息到腦細胞的感覺細胞。或許這隻小蟲太過原始，無法蒐集數據並精準定位出我的空間位置；或許對牠的宇宙來說，我只是一個拿著手電筒、巨大又毛茸茸的影子。我沒有答案。但是當我站起來準備離開時，肯定影響了牠小小世界中的或然率。

## 生命宇宙論：用生命與意識做為了解宇宙的基礎

人類科學至今仍無法正視讓生命成為物質現實基礎的種種特性。生命宇宙論是一種宇宙觀，用生命與意識做為了解宇宙的基礎。生命宇宙論著重於「意識」這種主觀經驗與物質現實之間的關係。

這是我窮盡一生想要解開的謎團。這一路上我得到許多幫助，除了站在幾位近代最偉大、最受尊崇的巨人肩膀上前進，也運用生物學試圖尋找其他學科避而不談的萬有理論，做出了顛覆前人的結論。

## 現行的宇宙論並未納入人類的主觀意識

當人類基因完成解讀，或是當我們又更加了解宇宙大霹靂後的第一秒發生了什麼事，那種興奮的感覺都是源自人類天生對圓滿與完整的渴求。

但是大部分的綜合理論都沒有把一個關鍵因素納入考量：這些理論是我們想出來的。創造故事、觀察現象、為事物命名的是一種叫做「人類」的生物。我們忽略了一個重要的事實，那就是科學一直沒有勇敢面對人類最熟悉卻也最神祕的**意識**。文學家愛默生（Ralph Waldo Emerson）以散文〈經驗〉（*Experience*）批評當時膚淺的實證主義，文中寫道：「我們已經知道視覺不是直接而是間接的，而且我們無法矯正帶有色彩和扭曲的視覺，也無法計算出視覺中的錯誤。**也許主觀的視覺擁有一種創造力，也許我們的眼前什麼也沒有。**」

喬治．柏克萊（George Berkeley，加大柏克萊分校與柏克萊市皆以之命名）也提出類似的結論：**「我們只能感知到我們感知到的東西。」**

## 全新的宇宙觀將由生物學家提出

乍看之下，新的宇宙理論似乎不可能由生物學家提出。但是，當代生物學家相信他們已找到「萬能細胞」（胚胎幹細胞），而宇宙論家預測二十年內就會發現統一的宇宙理論；在這種情況下，生物學家難免會想要把「物質世界」與「生物世界」現有的各家理論結合起來。還有比生物學更適合的學科嗎？由此看來，生物學應該是科學的起始與結束。為人類本質提供解答的，將是人類為了認識宇宙所創造的自然科學。

## 當代科學的困境：合理化理論的矛盾，不惜將推測硬拗成事實

還有一個更深切的問題浮現：我們讓推測性的理論侵入科學，進入主流思維，甚至戴上了事實的面具。例如十九世紀的「以太」、愛因斯坦的「時空」、新的千禧年在不同領域爆發新維度的「弦論」，還有比較冷門的「宇宙泡泡論」，都屬於這類理論。想像中看不見的維度無所不在（某些理論甚至用了上百個維度），有些維度像吸管一樣捲起來，並存在於空間裡的每一點。

現代這種沉迷於無法證實的物理學「萬有理論」的現象，對科學本身是一種褻瀆，也偏離了科學方法的目的。科學方法的最高指導原則就是不斷存疑，不盲目崇拜培根（Bacon）所說的「知識偶像」。現代物理學已成為綏夫特（Swift）筆下的天空之城（Kingdom of Laputa），這座島在地球上空搖搖晃晃地飛行，對地面的世界漠不關心。如果科學為了解決理論的不合理，就像玩大富翁買賣房子一樣任意增加或減少宇宙維度，我們便有必要後退一步檢視自己的科學原

則；更何況這些維度人類感官都無法察覺，也無法透過觀察或實驗證明其存在。空有想法，無法提出物理根據，也無法做實驗去證實真偽，會令人懷疑是否還能稱之為科學。「無法觀察的事情，」紐約州立大學的相對論專家塔倫·畢斯瓦斯教授（Tarun Biswas）說，「發展成理論毫無意義。」

但是，或許科學系統的裂縫能夠透進光芒，照亮生命之謎。

## 科學家想解開的疑問，都跟生命和意識有關

目前這些違背科學精神的做法只有一個原因：物理學家試圖跨越科學的疆界。其實他們最想解開的疑問都跟生命和意識有關，任憑他們怎麼努力也是徒勞無功，因為物理學無法提供真正的答案。

研究宇宙基本問題的物理學家試圖建立大統一理論，這樣的理論雖然令人期待又充滿魅力，卻依然是個幻影，甚至可說與知識的核心問題背道而馳：**宇宙定律先創造出觀察者！**這就是生命宇宙論與本書的主題之一：**是扮演觀察者的動物創造了真實世界，而不是真實世界創造了觀察者。**

## 真實世界無法脫離感知而存在

這不是一種微調過的宇宙觀。各個學科的教育系統、語言的建立以及社會接受的已知事實

（交談的起點）都圍繞著一種基本心態，那就是假定「外面」有一個宇宙，每個人都只是在宇宙裡短暫停留。我們能正確感知既存的外在現實，卻幾乎或完全無法影響它的樣貌。

## 真的有一個獨立存在的外在世界嗎？

想要建立可信的替代方案，第一步就是質疑「宇宙即使沒有生物、意識或感知也能存在」的這個標準觀念。雖然推翻廣為接受、深植人心的現存思維可能得看完本書，再加上不同來源的堅實證據，但是我們絕對可以用簡單的邏輯做為起點。過去偉大的思想家堅決主張光靠邏輯就能以嶄新的觀點了解宇宙，不需要複雜的方程式或耗資五十億美元用粒子對撞機取得實驗數據。其實只要深思一下就會發現，真實世界無法脫離感知而存在。

如果沒有看、思、聽等各式各樣的感知，我們還剩下什麼？我們可以深信並堅稱就算沒有生物，宇宙也不會消失，但這只是一個想法，而想法的存在前提是有思考能力的生物。少了生物，怎麼知道任何事物是否**真的**存在？我們將在下一章深入探討這個主題。先讓我們同意這樣的問題帶著一絲哲學意味，最好不要走進這個陰暗的沼澤，也不要試圖只靠科學尋找答案。

因此，我們暫且接受可以明確無誤稱為「存在」的東西，必須以生命和感知做為前提。如果沒有意識，存在有何意義？

## 在你走進廚房之前，它們充滿無限的可能性

讓我們以一個看似無法否認的邏輯為例：你的廚房一直都在那裡，廚房裡的東西也都維持相同的狀態、形狀與顏色，無論你是否身在廚房。夜裡你關了燈走出廚房，回到自己的房間。廚房當然還在原地，雖然不在視線範圍內，但整晚都在那裡，對吧？

仔細想想：冰箱、爐子和其他東西都是由一團閃亮的物質／能量所組成。量子論告訴我們，沒有一顆次原子粒子是固定不動的，它們的存在是未知的機率。當你走進廚房喝水的時候，在你這個觀察者眼中，每一顆次原子粒子都發生波函數塌縮（wave function collapse）[1]，並停在固定的位置上，成為具體的現實世界。在那之前，它們充滿無限的可能性——等一等，如果這樣的說法聽起來太誇張，讓我們先拋開瘋狂的量子論，用普通的科學現象也能得出類似的結論：你之所以能看見廚房裡所有東西的形狀、顏色與狀態，是因為天花板的燈放出光子打在物體上，再透過複雜的視網膜與神經介質跟你的大腦產生互動。這是無庸置疑的事實，國一的理化課就已經學過。問題是，光**沒有**顏色與視覺特性（下一章會說明這點）。因此，儘管你以為自己離開後廚房仍舊在「那裡」，可是在缺少與意識互動的情況下，實際情況可能完全超乎你的想像。（如果你覺得難以想像，請繼續往下看。這是生命宇宙論最簡單也最容易證明的一個概念。）

# 物體是否真實存在？

## 現行科學的答案：就算沒有在看，月亮依然存在

生命宇宙論對現實的觀點，的確與幾世紀以來世人心目中的現實截然不同。多數人（包括科學界與非科學界的人）都認為外在世界是獨立存在的，而且它的模樣跟我們眼睛所看見的差不多。這種觀點認為人類或動物的眼睛只是準確呈現外在世界的窗戶。就算我們的專屬窗戶消失了（例如死亡）或是被塗黑了（例如失明），也絲毫不會改變外在世界或它的「真實」樣貌持續存在的事實。樹站在原地，月亮也會繼續發光，無論我們能否認知到二者的存在，它們都是獨立的存在。因此人類的眼睛與大腦只是用來認知事物的**真實**樣貌，無法改變任何事。的確，狗狗眼中的秋天楓樹可能是不同色階的灰，老鷹可以覺察到更多枝葉間的細節，但是基本上大部分動物眼中的物體都擁有相同的視覺真實性，就算**沒有**眼睛在看，它依然存在。

## 生命宇宙論的答案：外在宇宙少了生物就不可能存在

不過，生命宇宙論說，不是這樣的。

---

❶在量子力學裡，波函數用來描述由一個或一個以上的粒子所構成的獨立系統的量子狀態。用一個波函數涵蓋整個系統的所有資訊。當原本有數個特徵向量疊加在一起的波函數變成只剩下一個特徵向量時，這種現象就叫做波函數塌縮。

「物體是否真實存在？」是一個古老的問題，而且出現的時間遠早於生命宇宙論。生命宇宙論也承認，自己並非第一個探討這個問題的理論。不過，生命宇宙論能**解釋**為什麼這個觀點是正確無誤的。反過來思考也一樣成立：當你充分了解獨立的外在宇宙少了生物就不可能存在，其他的答案就會水到渠成。

第三章

# 沒有人，就沒有彩虹

## ——一棵樹倒下的聲音，需要耳朵來聆聽

聲音經驗除了空氣振動，也需要觀察者、耳朵和大腦。

觸覺經驗並非來自與固體接觸，而是感受到電斥力。

燭光其實既不明亮，也沒有顏色？

## 沒有人類，宇宙依然存在嗎？

誰不曾思考過或至少聽過這個古老的問題：「當一棵樹在森林中倒下時，如果旁邊沒有人，它是否發出了聲音？」

如果我們快速訪問一下親朋好友，會發現最常出現的答案是斬釘截鐵的肯定。「樹倒下**當然**會發出聲音啊。」有人略帶惱怒地如此回答，彷彿這個問題蠢到不值得浪費時間去思考。這種立場意味著人們相信現實世界是客觀而獨立的，顯然目前的主流觀念是「無論有沒有人類，宇宙依然存在」。這完全吻合西方世界至少從《聖經》時代就推崇至今的世界觀，也就是「小我」在宇宙中的重要性或影響力微乎其微。

### 空氣振動本身無法獨立製造聲音

幾乎沒有人會細想（或有足夠的科學知識去思考）樹在森林中倒下時所發出的聲波大小。聲音是如何產生的？請容我迅速為各位複習一下五年級的地球科學課：介質受到振動時會產生聲音，這種介質通常是空氣，不過聲音在密度較高的介質中傳遞得更快，例如水或鋼。樹枝和樹幹猛烈撞擊地面時會製造快速的空氣振動。聾人可以感受到某些空氣振動，頻率介於每秒五到三十次的振動在皮膚上感覺特別明顯。因此，其實我們聽見的是樹倒下時產生的快速氣壓變化，這種變化以時速七百五十哩穿過介質。聲波在傳遞過程中失去相干性（coherency）❶，直到背景的空氣再度變得均勻為止。根據簡單的科學原理，就算少了腦耳聽覺機制，這種氣壓變化穿過空氣的情況依然存在，也就是空氣振動形成的陣陣微風。**但是空氣振動沒有發出聲音。**

## 聲音經驗除了空氣振動，也需要觀察者、耳朵和大腦

現在，讓我們側耳傾聽：如果旁邊剛好有人，空氣振動會讓耳朵的鼓膜振動進而刺激神經，前提是振動的頻率介於每秒二十次到兩萬次之間。（不過四十歲以上的聽覺上限是每秒一萬次，年輕時常聽搖滾演唱會的人還會更低。）每秒十五次的空氣振動，本質上跟每秒三十次沒有不同，但是前者絕對不會被人類聽見，原因出在人類的神經結構。鼓膜振動刺激神經，神經傳送電訊號到大腦，大腦對聲音進行認知。這是無庸置疑的**共生經驗**。空氣振動本身無法獨立製造聲音，答案很明顯，因為頻率每秒十五次的振動誰也聽不到，無論向幾個人借耳朵都一樣。只有特定範圍內的振動才能進入耳朵的神經結構，讓人類意識建立聲音經驗。簡言之，聲音經驗除了空氣振動，也需要觀察者、耳朵和大腦。外在世界與意識密切相關。因此，在無人森林裡倒下的樹只製造了無聲的空氣振動，也就是陣陣微風。

如果有人不屑地說：「就算旁邊沒人，樹倒下還是會發出聲音啊。」說這種話只表示他們無

---

❶當兩個波源有恆定的相位差異與同樣的頻率時，兩者就具有相干性。相位差異指的是兩個頻率與時間參考點都相同的波，在角度與時間上的差異。

法深入思考一個無人參與的事件。他們想像自己就在現場，但事實並非如此。

## 視覺經驗：燭光其實既不明亮，也沒有顏色？

如果在同一片無人森林裡放一張桌子，桌子上有一根燃燒的蠟燭。這樣的安排有火災風險，讓我們假設有一隻大熊消防員（Smokey the Bear，美國呼籲大眾防範森林火災的代言人）拿著滅火器隨侍在側，所以我們能心無旁騖地想像燭火固有的黃色光芒。

就算我們否認量子實驗，並假設電子與其他粒子在沒有觀察者的情況下，也會停留在固定的位置（這點稍後將有更多討論），燭火仍然只是一種高溫氣體。燭火跟任何光源一樣，都會散發光子或微小的電磁能量波包，它們都是由電磁脈衝所組成。這些短暫的電力與磁力就是光的本質。

從日常經驗就能知道電力跟磁力都不具有視覺特性。因此，燭光本身也不具有視覺特性，既不明亮，也沒有顏色。當燭光的電磁波碰到人類的視網膜，而且波長剛好（而且僅能）介於四百到七百奈米之間，才能刺激視網膜裡的八百萬個錐狀細胞。然後，錐狀細胞傳送電脈衝給隔壁的神經元，以兩百五十哩的時速一路傳到位在頭顱後方溫暖又濕潤的大腦枕葉。宛如小瀑布的神經元群受到刺激後放電，於是我們主觀地把這個經驗感知為黃色的亮光，發生在我們因為受到制約而稱為「外在世界」的地方。其他動物接收到相同的刺激，卻會產生截然不同的經驗，例如看見的是灰色，甚至是毫無關聯的感覺。重點是，「明亮的黃光」根本不存在，在那裡充其量只存在著看不見的電脈衝與磁脈衝。**黃色燭光的存在需要我們才能實現，兩者之間息息相關。**

### 觸覺經驗並非來自與固體接觸，而是感受到電斥力

如果是觸碰一樣東西呢？它難道不是固體嗎？伸手去推那根倒下的樹幹，會感受到壓力。但這也是先發生於大腦之後，再「投射」於手指的一種感覺，這種感覺同樣只存在於心智之中。除此之外，壓力的感覺並非來自與固體接觸，而是因為每一個原子的外面都有帶負電的電子。如我們所知，同性相斥，因此樹皮的電子會排斥你身上的電子，讓你感受到**電斥力**（electrical repulsive force）阻擋手指繼續向前推。當你伸手推樹幹時，根本沒有固體互相碰觸。手指裡的每顆原子都像無人的美式足球場一樣空空蕩蕩，只有一隻蒼蠅停在五十碼的碼線上。如果只有固體才能阻擋我們（而不是能場），我們的手指就能像穿透濃霧一樣地輕易穿過樹幹。

## 每個人眼中的彩虹都是獨一無二的

舉一個更直覺的例子好了：彩虹。在山與山之間突然出現的七彩拱橋令人屏息。但事實上彩虹絕對需要人類才能存在。沒有人，就沒有彩虹。

**「又來了！」**你可能會這麼想。別急，這次有更顯而易見的理由。彩虹的形成有三大要素：在適當的幾何位置上出現太陽、雨滴和有意識的眼睛（或代替眼睛的鏡頭）。如果你的視線背對太陽（也就是反日點，從這個角度能看見自己頭的影子），陽光照射的水滴會形成一道彩虹；**這道彩虹所在的位置跟眼睛的角度剛好呈四十二度。**不過你的眼睛必須在那個位置，才能看見水滴

折射的陽光聚在一起，形成彩虹。你隔壁的人會看見屬於他自己的彩虹，他同樣處在由截然不同的水滴所形成的彩虹圓錐頂點。他們的彩虹看起來很可能跟你的一樣，但不一定總是如此。他們的眼睛攔截到的水滴可能跟你的不一樣大，較大的水滴形成的彩虹比較鮮豔，但是會無法呈現藍色。

如果陽光照射的水滴距離很近，例如草地灑水器，你可能根本看不見彩虹。你的彩虹專屬於你。但是，重點來了：**如果根本沒有人呢？答案是：那就沒有彩虹。**眼睛跟大腦的系統（或是代替大腦的相機，要先一個有意識的觀察者，才會看見拍攝結果）也必須在場，才能夠形成彩虹。**無論彩虹看起來有多真實，你的存在跟太陽和雨滴一樣重要。**

少了人類或動物，彩虹根本不存在。或者這麼說好了，世上**可能有**無數道彩虹，每一道彩虹都和另一道彩虹偏差一點點。這並非猜測的結果或哲學議題，而是小學地球科學課教過的基本科學原理。

很少有人會質疑彩虹的**主觀性**。彩虹在童話故事中扮演重要的角色，幾乎要讓人以為它本來就不屬於人類的世界。當我們完全了解「看見」摩天大樓取決於觀察者，就能向事物的真實本質跨出必要的第一步。

接下來讓我們進入生命宇宙論的第一個法則：

**生命宇宙論第一法則：我們感知到的真實是一個與意識有關的過程。**

第四章

# 靈光乍現！

## ——原來每一種生物都有屬於自己的宇宙

有次我發現一棵盤根錯節的老樹，樹幹上有個大洞。當我把手抽出樹洞時，一隻耳羽高聳的小角鴞瞪大眼睛跟我對望。這隻動物同樣住在自己的世界裡，而此刻牠與我分享牠的王國。我讓這個小傢伙飛走，但年幼的我已不再是原來的自己。我的家和我居住的社區成為宇宙的一部分，而這個宇宙被意識占據：一種跟我的意識相同卻略有差異的意識。

## 基因的奇蹟：白雞變黑雞

早在進入醫學院、開始研究細胞生命和複製人類胚胎之前，我就已深深著迷於自然世界複雜而難解的奇蹟。過去的某些經驗讓我漸漸發展出以生命為中心的世界觀：對大自然的探索、花十八．九五美元買《漁獵戶外活動雜誌》（*Field and Stream*）廣告上的小型靈長動物、青少年時期用雞做遺傳實驗等等，這些經驗讓我成為哈佛大學知名神經生物學家史提芬．庫夫勒（Stephen Kuffler）的追隨者。

我追隨庫夫勒的道路理所當然始於科學展覽。對童年的我來說，科展是一種手段，能對抗那些因為家庭因素瞧不起我的人。我姊姊輟學後，校長曾指責我母親並非稱職的家長，於是我認真用功，希望能改善自己的處境。當我說要參加科展時，許多老師和同學都嗤之以鼻，我想在他們面前揚眉吐氣。

我全心投入科展計畫，這項大膽的計畫是改變白雞的基因組成，讓牠們變成黑雞。我的生物老師說這是不可能的任務，而我的父母以為我只是想要孵雞蛋，拒絕開車載我去牧場買雞蛋。

我鼓起勇氣自己搭巴士跟電車，從位於斯托頓（Stoughton）的家跑去哈佛醫學院，這是全球聲譽卓著的醫學機構之一。我踏上通往大門的階梯，大片的花崗岩石板經過世世代代的前人踩踏而磨損。我走進醫學院，希望這些科學家能夠好心接納我並提供協助。一切都是為了科學，不是嗎？光是這個理由還不夠嗎？結果警衛不肯讓我進去。

我覺得自己好像《綠野仙蹤》裡的桃樂絲（Dorothy）❶，被翡翠城的皇宮衛兵擋在門外：「快走開！」我在醫學院大樓的後方休息了一下，努力思考下一步該怎麼做。每一道門都是鎖上的。我在垃圾車旁邊站了大約半個鐘頭，然後看見一個男人朝我走過來，他的個子不比我高多少，穿著T恤跟卡其休閒褲。我想他應該是清潔工，因此從後門進出。發現這件事之後，我終於想到溜進去的辦法。

不久，我跟著他走進醫學院，兩人面面相覷。「他不知道也不在乎我偷溜進來，」我心想，「反正他只是來擦地板的。」

「有什麼需要幫忙的嗎？」他說。

「沒有，」我說：「我必須找一位哈佛教授問問題。」

「你知道你要找哪一位教授嗎？」

「呃，不知道。我的問題與DNA跟核蛋白（nucleoprotein）有關。我想在白化症的雞身上誘發黑色素合成作用。」我說。他聽了之後驚訝地看著我。他的反應讓我想繼續高談闊論，雖然我確信他根本不知道DNA是什麼。「其實白化症是一種體染色體隱性疾病……」

我們就這樣聊了起來，我告訴他我在學校的餐廳打工，而且我跟住在同一條街的查普曼先生

❶《綠野仙蹤》（*The Wonderful Wizard of Oz*）是二十世紀初美國著名的童話故事，主角桃樂絲與小狗托托帶著稻草人、機器人跟獅子前往翡翠城找奧茲大帝。

是好朋友，他也是清潔工。

他問我父親是不是醫生，我哈哈大笑。「不是，他是職業賭徒，專門打撲克牌。」我想我們就是在這一刻成為朋友，畢竟我們都屬於社會的弱勢族群，我如此認為。

當然那時候我還不知道，他就是舉世聞名、曾獲諾貝爾獎提名的神經生物學家史提芬・庫夫勒博士。如果他早點告訴我，我一定會倉皇逃走。不過當時我擺出一副校長對學生訓話的姿態。我告訴他我在地下室做的實驗：改變白雞的基因組成，讓牠變成黑色。

「你父母一定很為你感到驕傲。」他說。

「他們不知道我在做什麼實驗，」我說：「我不想打擾他們。他們以為我只是在孵雞蛋。」

「不是他們開車送你來的嗎？」

「不是，如果他們知道我跑來這裡一定會殺了我。他們以為我在樹屋裡玩。」

他堅持要介紹我認識一位「哈佛醫生」。我猶豫了一下。畢竟他只是個清潔工，我不想害他惹禍上身。

「別擔心我。」他面露微笑地說。

## 美夢成真：遇見神經生物學

他帶我走進一個塞滿精密設備的房間。有一位「醫生」看著一臺配備奇特探測器的儀器，正準備把電極插入毛毛蟲的神經細胞裡。（當時我不知道這位「醫生」其實是一位叫喬許．桑恩斯〔Josh Sanes〕的研究生，現在已是美國國家科學院成員，也是哈佛大學腦科學中心主任。）在他身旁有一臺小型離心機，裡面的樣本快速旋轉。我的朋友在醫生身後輕聲說了幾句話，馬達聲響淹沒了他說的話。醫生用好奇的眼神看著我，露出笑容。

「我待會兒再回來。」我的新朋友說。

從那一刻開始，一切就像美夢成真。這位醫生跟我聊了一整個下午。我看了看時鐘，「喔，糟了！」我說，「這麼晚了，我該走了！」

我趕緊回家，直奔樹屋。那天傍晚母親呼喊的聲音穿過樹林，宛若火車頭的笛聲：「羅伯！快回家吃晚飯！」

沒有人知道（包括我自己），那天傍晚我碰到全世界最偉大的科學家之一。庫夫勒在一九五〇年代把幾種醫學領域完美結合成單一概念，包括生理學、生物化學、組織學、解剖學與電子顯微學，形成了一個新學科，他稱這個新領域為「神經生物學」。

哈佛的神經生物學系創立於一九六六年，由庫夫勒擔任系主任。我在醫學院念書的時候，還用過他的著作《神經生物學：從神經元到大腦》（*From Neurons to Brain*）當課本。

我怎麼可能會預料到幾個月後，庫夫勒博士會幫助我進入科學的世界！我後來又去了哈佛醫學院很多次，跟那些在他的研究室裡探測毛毛蟲神經元的科學家聊天。其實我最近碰巧看見一封桑恩斯當時寫給傑克森實驗室的信：「看一下出貨紀錄就知道，羅伯幾個月前向你們買了四隻老鼠，結果害他破產了整整一個月。現在他正在苦苦掙扎，只能在畢業舞會跟多買幾打雞蛋之間二選一。」雖然最後我選擇參加畢業舞會，但是意識與動物感官知覺的「感覺—運動系統」已讓我深深著迷，所以幾年後我又回到哈佛與知名心理學家柏爾赫斯斯．費德里克．史金納（B.F. Skinner）合作。

對了，我的白雞變黑雞研究在科展得了優勝。校長不得不在全校師生面前向我母親道賀。

## 人類的感知雖然特別，卻不是獨一無二

童年時的我就像美國最偉大的超驗主義者愛默生與梭羅，忙著探索麻薩諸塞州的森林，那裡充滿生命。更重要的是，我發現每一種生物都有**屬於自己**的宇宙。在觀察生物的過程中，我漸漸發現每一種生物都會製造一個存在場域（sphere of existence），也發現人類的感知雖然特別，卻不是獨一無二的。

我最早的童年記憶是跨出我家修剪整齊的後院草地，走進森林邊緣雜草叢生的野地裡探險。現在的世界人口已是當時的兩倍，但想必還是有很多孩子知道熟悉的世界在哪裡結束，而有點恐怖、危險、尚未開發的野外從哪裡開始。有一天我從秩序的世界跨入野外，奮力穿過灌木叢，走到一棵被藤蔓纏繞、盤根錯節的老蘋果樹旁。我擠過樹叢來到蘋果樹下的一小塊隱密空地上。這種感覺有些美妙，因為我發現了一個其他人類都不知道的地方；我同時也感到困惑，**如果沒有被**

**我發現，這個地方是否存在？**我從小就是天主教徒，所以我認為自己在上帝的舞臺上找到一個特別的地方。而且從天國的制高點角度來說，我正在接受造物主的檢視與觀察，仔細程度或許不亞於我念醫學系時用顯微鏡觀察微小生物在一滴水裡群聚和繁殖。

在多年前的那個時刻，我心中還有其他百思不得其解的疑問，當時我還不明白這些疑問至少跟人類一樣古老。如果上帝真的創造了世界，那麼上帝是誰創造的呢？這個問題讓我苦惱了很久很久，直到我目睹DNA顯微照片和氣泡室以高能粒子撞擊的方式製造物質跟反物質的軌跡。

**我的本能與理智都在對我說，如果沒有人看見，這個地方就不存在。**

我家的情況，之前已稍微提過，不是諾曼．洛克威爾（Norman Rockwell，美國二十世紀初重要畫家及插畫家，作品橫跨商業與美國文化）的漫畫裡那種理想美國家庭。我的父親是個職業賭徒，靠打撲克牌為生；我的三個姊妹都沒有念完高中。為了不想在家裡挨揍，姊姊跟我都非常努力，這也讓我在面對艱難的人生時更加堅強。父母只允許我在吃飯和睡覺時留在家裡，所以我經常獨處。我的娛樂就是進入森林深處探險，沿著溪流漫步或追蹤動物的足跡，在我眼中，沒有任何沼澤或溪床太過危險。我確信沒有人看過或去過這些地方。我想，幾乎對每個人來說，這些地方都不存在。然而這些地方當然存在，而且像任何大城市一樣充滿生命，有蛇、麝鼠、浣熊、烏龜跟鳥類。

這些探險是我了解大自然的起點。我滾動被鋸倒的原木，在其下尋找蠑螈，爬到樹上觀察鳥巢跟樹洞。在我思考與生命本質有關的存在問題時，直覺告訴我學校所說的「現實世界是一個靜態的客觀世界」不盡然正確。我觀察的動物對世界都有自己的感知，也就是屬於牠們自己的現實世界——雖然不是有停車場跟購物中心的人類世界，但是對牠們來說真實無比。那麼，這個宇宙裡到底發生了什麼事？

有次我發現一棵盤根錯節的老樹，樹幹上有個大洞。我就像爬上豌豆莖的傑克，忍不住想要探索這個樹洞。我默默脫掉襪子套在手上，把手伸進樹洞裡摸索。翅膀拍動的聲音把我嚇了一跳，我的手指受到爪子跟鳥喙攻擊。當我把手抽出樹洞時，一隻耳羽高聳的小角鴞瞪大眼睛跟我對望。這隻動物同樣住在自己的世界裡，而此刻牠與我分享牠的王國。我讓這個小傢伙飛走，但年幼的我已不再是原來的自己。我的家和我居住的社區成為宇宙的一部分，而這個宇宙被意識占據：一種跟我的意識相同卻略有差異的意識。

## 發現生命難以解釋的祕密

在我差不多九歲的時候，就被難以理解且難以參透的生命本質深深吸引。我愈來愈發現生命存在基本上無法解釋的祕密，有一股我感受得到卻還不了解的力量。有一天我設下陷阱想要捉一隻土撥鼠，牠的地洞就在我的鄰居芭芭拉家旁邊。芭芭拉的丈夫尤金是新英格蘭碩果僅存的鐵匠之一，大家都叫他歐唐諾先生（Eugene O'Donnell）。我才剛走到他們家，就發現打鐵坊屋頂的煙囪蓋不停旋轉並發出吱嘎聲響。鐵匠先生突然拿著霰彈槍出現，連看都不看我一眼就轟掉煙囪蓋。煙囪蓋的噪音戛然而止。不行，我告訴自己，我不能被他捉到。

土撥鼠的地洞沒那麼容易靠近，我記得它離歐唐諾先生的打鐵坊很近，近到聽得見風箱幫熔鐵爐煤炭搧風的呼呼聲。我悄悄爬過長長的草叢，偶爾會驚動蚱蜢或蝴蝶。我在一叢亂草下挖了個洞，把我在五金行剛買的鋼製陷阱放好。我把挖洞時挖出的泥土放在地洞前，再用泥土覆蓋放在地洞邊緣的陷阱，我小心確認沒有石頭或植物的根會妨礙金屬陷阱的功能。最後我拿起一根木棍，再用石頭把它敲進土裡——此舉真是不聰明。我全神貫注，完全沒發現有人向我走來，所以這個聲音把我嚇了一大跳：

「你在做什麼？」

我一抬頭就看見歐唐諾先生站在那裡，雙眼緊盯著地面。他慢慢地仔細查看，最後看見了陷阱。我一語不發，努力忍住想哭的衝動。

「孩子，把陷阱交給我，」歐唐諾先生說：「跟我來。」

我非常怕他，只能乖乖聽話。我照他的話做，跟著他走進打鐵坊，這個奇妙的新世界裡擺滿了各種工具，天花板上懸吊的樂鐘有各式各樣的形狀，還會發出不同的聲響。熔鐵爐緊靠著牆壁，開口對著打鐵坊正中央。歐唐諾先生打開風箱，把陷阱扔到煤炭上，小小的火苗冒出來，接著愈來愈熱，直到它突然變成一團火焰。

「這玩意兒可能會害小狗或小孩子受傷！」歐唐諾先生一邊用長柄叉戳煤炭一邊說。陷阱被燒得火紅時，他把陷阱從熔鐵爐裡拿出來，用鎚子用力敲成一個小方塊。

等待金屬冷卻下來的短暫時間裡，他一句話也沒說。我則是忙著東瞧西瞧，觀察每一個金屬小雕像、樂鐘與風向計。

有個架子放著一個羅馬戰士的雕刻面具。最後歐唐諾先生拍拍我的肩膀，拿起幾張蜻蜓的素描。

「不如這樣吧，」他說：「你幫我捉蜻蜓，一隻五十美分。」

我說聽起來很好玩。離開時，我早就興奮到把土撥鼠跟陷阱拋諸腦後。

隔天我一起床就帶著果醬空罐跟捕昆蟲的網子跑到野地裡。這裡有很多昆蟲，蜜蜂跟蝴蝶圍繞著花朵飛舞。但是我一隻蜻蜓也沒看到。我在最後一塊草地上漫步時，香蒲毛茸茸的葉尖吸引了我的目光。有隻大蜻蜓在那裡徘徊。我終於捉到牠，然後開心地連跑帶跳回到歐唐諾先生的打鐵坊。這個地方從昨天開始已經改變，不再是充滿恐懼與神祕的鬼屋。

歐唐諾先生拿起放大鏡，對著光舉起罐子，仔細觀察裡面的蜻蜓。他取下掛在牆上的幾根鐵條和鐵棒，敲敲打打一番，做出一個維妙維肖的美麗蜻蜓雕像。雖然材料是金屬，這個雕像卻像真的蜻蜓般輕盈細緻。不過，他沒有完整捕捉到蜻蜓的精髓。儘管還是個孩子，但我想知道那隻蜻蜓的感受以及牠所感知到的世界。

我這輩子都不會忘記那一天。雖然歐唐諾先生早已過世，但那隻小小的鐵蜻蜓仍在他的打鐵坊裡，覆滿了灰塵。它提醒我**生命不光是不變的物質形塑而成的形狀與型態，還有更微妙的東西存在。**

第五章

# 宇宙在哪裡？

## ——宇宙只存在於你的大腦中

利貝特的大腦實驗證明：是大腦先做出下意識的決定，然後人類才會覺得是「自己」做了有意識的決定。這意味著我們一輩子都誤以為有一個操縱控制桿的「我」在負責大腦運作。我們真的有自由意志嗎？

接下來的許多章節將以空間與時間的討論（尤其是量子論），來支持生命宇宙論的觀點。不過，我們必須先用簡單的邏輯來回答一個最基本的問題：宇宙在哪裡？我們必須跳脫傳統思維與公認的假設，這些思維與假設部分源自語言本身。

## 內與外：兩個世界的迷思

我們從小就被灌輸的觀念是宇宙基本上可分為兩部分：我們自己與外在世界。這種觀念似乎相當合理而且顯而易見。一般而言，所謂的「我」就是我所能控制的事。我能控制自己的手指，但是我無法叫你的腳趾扭一扭。這種二分法的主要基礎就是控制。皮膚通常被視作「自己」與「非自己」的界線，強調我就是這副身軀，僅此而已。

### 「我」的認知完全來自大腦

當然就算身體的一部分消失了，你依然覺得自己存在於「此時此地」，就像失去雙腿的截肢者一樣，至少**主觀的存在感**不會消減。從這個邏輯出發，很容易就能推論出**「我」的認知完全來自大腦**；只要保留頭部，就算心臟和其他身體部位都換成人工的，被點到名時，這顆頭還是會回答：「我在這兒！」

奠定現代哲學的笛卡兒（René Descartes）的中心思想是意識至上，與存在有關的所有知識、真相與原理，都必須始於一個人對心智和自我的感受，因此他才會說出這句雋永銘言：「我思故我在。」（Cogito, ergo sum）除了笛卡兒和康德（Kant），當然還有許多哲學家思辨過這些問題，例如萊布尼茲（Leibniz）、柏克萊、叔本華（Schopenhauer）與柏格森（Bergson）等等。但是笛卡兒與康德肯定是最偉大的哲學家，開創了現代哲學史的新時代。「自己」是這一切的起點。

## 何謂「自我感」？

### 思考＝我，停止思考＝忘我？

關於「自我感」的著述甚多，甚至有宗教（例如在佛教四個分支中的其中三個分支、禪宗和印度教主流的不二論）完全建立在證明自我獨立於巨大的宇宙之上，自我基本上只是虛幻的存在。可以說無論在任何情況下，**「反省」意味著思考本身等同於「我」這種感受**，就像笛卡兒那句言簡意賅的格言。

**停止思考就能體驗到硬幣的背面。許多人都有過這種經驗：觀察嬰兒、寵物或自然生物時會湧現難以形容的喜悅，那是一種「忘我」的感覺，就本質上來說，等於把自己變成了被觀察的對象。**

一九七六年一月二十六日的《紐約時報雜誌》（*New York Times Magazine*）刊載了一篇文章討論這種現象，並附上一項調查指出，至少有百分之二十五的美國人曾經至少經歷過一次可以稱之為

「與萬物合而為一」的感受，以及「整個宇宙都擁有生命」的感受。在六百位答題者之中，有百分之四十提到這種感受是「確信愛是萬物的核心」，而且能帶來「深刻的安寧感」。

聽起來很美好，但是多數人都不曾有過這種體驗。就像經過夜店門口的路人，他們很可能不以為然，覺得這只是一廂情願的想法或錯覺。就算調查本身有堅實的科學基礎，但是調查結果卻沒什麼意義。想要了解「自我感」，我們需要的不只是這種調查。

## 停止思考時，意識到哪去了？

或許我們假設當思考的心智休息時，會發生**某件事**。字面上的停止思考或做白日夢，顯然並非停止去感受或腦袋一片空白。這種情況比較像是意識逃離提心吊膽、緊張兮兮的單人牢房，跑到劇場的其他區域，這些區域的燈光比較明亮，周遭事物感覺起來也更直接、更真實。

這間劇院在哪條街上？生命的感覺在**哪裡**？

我們可以先從看得見的東西出發，也就是此刻我們感知到的一切，例如你手上的這本書。語言和習慣告訴我們，萬物都存在於外在世界。但是我們已經知道，只有跟意識產生互動的東西才能夠被感知到，因此生命宇宙論的首要原則就是：**大自然或所謂外在世界必須跟意識建立關聯，兩者都不會單獨存在。**意思就是說，在我們沒有看著月亮的時候，月亮並不存在。主觀而言，這一點再明顯不過。就算我們**認為**月亮仍在繞行地球，或是其他人可能正在看著月亮，這些想法只不過是我們的心理產物罷了。關鍵是，如果意識根本不存在，月亮如何繼續存在？又是以什麼樣的形式存在？

## 「外在世界」存在於大腦或心智之中

當我們觀察大自然的時候，我們看見了什麼？畫面—地點與神經機制提供的答案，比生命宇宙論更直截了當。因為樹、草、你手上的這本書與你感知到的一切都是真實的，並非出於想像，因此它們必定存在於**某個地方**。

人類生理學提供的答案明確無比：眼睛與視網膜蒐集光子，光子是電磁力的載具；光子被送進繁忙的神經管線，**直到大腦後方出現畫面本身的真實感知**，並且由附近的其他地點補充增強；這些地點位於如銀河般廣大而錯綜複雜的特殊區塊，神經元的數量也多如繁星。根據人類生理學的解釋，這裡就是「產生」顏色、形狀和動作的地方。**它們在這裡被感知或認知。**

### 只要睜開眼睛，就能自動進入大腦的視覺區

如果你刻意嘗試進入大腦感光、充滿能量的視覺區，一開始你或許會覺得相當沮喪。你可能會敲敲後腦，並感受到一種虛無的空虛感。其實原因在於這是一種無謂的嘗試：**只要張開眼睛，你就能自動進入大腦的視覺區**。只要看看你身邊的任何東西就行了。習慣告訴我們，眼睛看見的東西都在「外面」，不屬於我們。就語言和實用來說，這樣的觀點毫無問題且有其必要，就像

「請把那裡的奶油遞給我」一樣。但是千萬別搞錯了：**奶油的視覺畫面，也就是奶油本身，只存在於你的大腦中。那裡就是奶油存在的地方。視覺畫面只有在大腦裡才會受到認知和感知。**

有些人認為有兩個世界，一個在「外面」，另一個在大腦的認知裡。但是這種「兩個世界」的思維是個迷思。被感知到的東西才是真實的；少了意識，任何東西都不存在。只有一種視覺現實是存在的，它就在這裡，在你面前。

因此，「外在世界」存在於大腦或心智之中。當然會有許多人對此感到驚訝（儘管對大腦研究者來說，這是明顯的事實），他們可能會過度思考這個概念，進而試著提出反駁。「好吧，那天生就看不見的人怎麼辦？」「那觸覺呢？如果東西不存在於外在世界，我們怎麼可能摸得到？」

這些論點都改變不了事實：**觸覺同樣無法脫離意識或心智。奶油的各個層面與各種角度的存在，都逃脫不了你的存在。**為什麼這個概念讓人想不通？為什麼有些人不願意接受這顯而易見的事實？原因是它的意涵足以摧毀我們終生堅信、不牢靠的世界觀。如果意識或心智就是**答案**，那麼意識將無限延伸到我們所認知的一切，動搖某種觀念的本質與真實性。我們將用一整章的篇幅探討這種觀念，那就是**空間**。如果意識就是**答案**，它可能會讓科學把焦點從冰冷、無生命的外在宇宙，轉移到你我的意識與動物的意識如何互相建立關聯。

## 跳脫語言，才能更精準地了解宇宙

不過，先讓我們把統一意識（unity of consciousness）❶的問題放在一旁。當然，想證明涵蓋一切的統一意識真的存在非常困難，甚至毫無可能；況且統一意識本來就不適用於二元論的語言，也因此光是要了解它的邏輯就已是加倍困難。

為什麼？人類創造語言是為了透過象徵符號來思考，並且把大自然區分成物體和動作。「水」這個字不是真的水，而英文句子「It is raining」中的「it」毫無意義。就算非常了解語言的限制與變化，我們還是要格外小心，才不會倉促否決生命宇宙論（或是任何把宇宙認知為整體的觀點），因為乍看之下它並不符合我們慣用的語言結構。我們將在下一章深入討論這一點。最大的挑戰不只是檢視慣有的思考方式，還要跳脫思考過程使用的工具，如此才能用比我們習慣中更簡單也更嚴格的方式去了解宇宙。舉例來說，在象徵的世界裡，萬事萬物都存在於某時某刻，而且最後終將死去，連山也不例外。**但是意識就像量子論的糾纏粒子一樣，它的存在可能完全獨立於時間。**

❶人類意識的統一性。例如，當你同時聽到一個聲音又感到疼痛時，不會把聲音跟疼痛分開來察覺，而是把兩者當成單一意識經驗的不同面向。（資料來源：http://plato.stanford.edu/entries/conscicusness-unity/）

## 自由意志並不存在?!

最後，有些人依然想用「控制」的概念堅稱「自我」與「外在的客觀現實」本來就是分開的。可是「控制」是一個備受誤解的概念。我們都相信雲朵的形成、行星自轉及肝臟製造數百種酶都是「自動自發」的行為，但是我們也都認為心智擁有獨一無二的自我控制能力，在「自己」與「外在世界」之間畫出一條基本的分界線。事實上，最近有實驗發現大腦的電化連結，也就是以時速兩百四十哩傳遞的神經脈衝，會在我們覺察之前就先做出決定。換句話說，大腦與心智也是自動運作的，完全不需要思考提供的外來干涉。順帶一提，思考也是自動運作的。因此，所謂的「控制」大體上也是一種錯覺。就像愛因斯坦說的：「我們可以用意志力叫自己採取行動，但是無法用意志力叫自己發揮意志力。」(We can will ourselves to act, but we cannot will ourselves to will.)

### 腦科學實驗否定自由意志

意識研究領域最常被引述的實驗發生於二十五年前，研究員班哲明·利貝特（Benjamin Libet）為受試者接上腦波儀監控大腦的「準備電位」，然後叫他們隨機選擇時間用手做動作。當然電子訊號出現的時間總是早於肢體動作，但是利貝特想知道電子訊號是否也早於受試者意圖動作的主觀**感受**。簡言之，主觀的「自我」是否存在？是這個「自我」做出有意識的決定，進而啟動大腦的電子活動並做出動作。或者完全反過來？這個實驗請受試者在動作意圖最早的時候，記住時鐘秒針的位置。

## 自由意志只是回頭檢視不斷進行的大腦活動

利貝特的實驗結果相當一致，或許也不那麼令人驚訝：無意識、沒有被感覺到的大腦電子活動出現的時間，比有意識的「決定感」快了整整半秒鐘。利貝特更近期的實驗結果於二〇〇八年公布，透過個別分析不同的高階大腦功能，他的研究團隊可以**提前十秒鐘**預測受試者決定舉起哪隻手。以認知決定的過程來說，十秒鐘簡直是永恆；大腦掃描偵測到最終決定的時間，遠早於受試者覺察到自己做決定的時間。除了這個實驗，還有其他實驗也證明**是大腦先做出下意識的決定，然後人類才會覺得是「自己」做了有意識的決定**。這意味著我們一輩子都誤以為有一個操縱控制桿的「我」在負責大腦運作，而不是像心臟或腎臟可愉快地自動運作。**利貝特推斷個人的自由意志感只有一個起源，那就是習慣性回頭檢視不斷進行的大腦活動。**

## 擺脫「控制」，外在事件其實發生在心智裡

這個結論意味著什麼？第一，我們真的可以自由自在享受未知的人生，包括我們自己的生命，毋須擔心後天的、經常充滿罪惡感的控制感，以及那種不想把事情搞砸的強烈需求。我們真的可以放鬆心情，**因為我們會自動運作。**

第二個意義比較貼近本書與本章的內容：現代大腦知識告訴我們，**看似「在外面」的那些事情，其實都發生在我們自己的心智裡**，產生視覺與觸覺經驗的地方並不像我們以為的那樣，存在於一個和我們無關的外在位置，離我們很遙遠。環顧四周，**我們能看見的只有自己的心智**；也許應該這麼說，外在與內在並不是分開的。**我們可以把認知視為「經驗的自我」與「遍布宇宙的某種能場」融合而成的產物。**為了方便討論，我們可簡單稱之為「感知」或「意識」。釐清這點之後，接下來我們要看看為什麼任何一種「萬有理論」都必須納入生命宇宙論，否則就會像一列沒有終點站的火車。

結論：

生命宇宙論第一法則：我們感知到的真實是一個與意識有關的過程。

**生命宇宙論第二法則：外在感知與內在感知密不可分。兩者猶如硬幣的兩面，無法分割。**

第六章

# 時間泡泡

## ——意識沒有起點，也沒有終點

聽見夜鷹在月光下啼唱時，優美的歌聲會讓你心跳稍稍加快，任何一個心智正常的人都不會說這是撞球隨機碰撞的愚蠢結果吧？我們最不經意的舉動，正好證實了生命的奇妙。

## 我的姊姊泡泡

滴滴答答的時鐘找不到時間的存在。時間是生命的語言，所以得透過人類經驗才能對時間有最強烈的感受。

父親把泡泡推開，然後又把她揍了一頓。

我父親是很傳統的義大利人，養兒育女的觀念非常老舊，所以接下來的這段往事現在想起來還是令我相當難受。那天，我的姊姊泡泡承受了非常嚴重的屈辱（而且這不是唯一的一次），即使過了四十年，我的記憶仍然清晰如昨日。

貝佛莉（Beverly）的綽號叫「泡泡」，我跟她感情深厚。身為姊姊，她一直認為保護我是她的責任。每當我回想起童年歲月，內心總是痛苦萬分。

我還記得那天早上冷得腳趾都凍僵了，是新英格蘭最冷的日子。我跟平常一樣準時站在校車的站牌前等車，戴著小小的羊毛手套，拎著午餐盒。一個住在附近年紀比我大的男孩突然把我推倒在地上。詳細的情況我已經想不起來了，但我也不敢說自己完全沒錯。我倒在人行道上，無助地抬頭看他。「放我走，」我啜泣道，「讓我站起來。」

我倒在地上，身上又冷又痛。我抬眼一看，發現泡泡正朝我跑來。她跑到巴士站狠狠瞪了推我的男孩一眼，我看得出對方立刻為自己的安危感到擔憂。光是這件事就足以讓我對她心存感激。「要是你敢再碰我弟弟，」她說：「我會揍扁你的臉。」

我想，泡泡一直很愛我。事實上，我童年最早的回憶裡一直有泡泡的存在，我們會一起玩醫生遊戲。「你有一點不舒服，」她遞給我一杯沙子，「這是藥，喝下去會舒服一點。」當我真的張嘴要喝時，泡泡突然大叫：「不行！」她倒抽一口氣，彷彿差點吞下沙子的人是她自己。（後來我才知道這只是遊戲，不可以真吃真喝，不過當時一切對我來說真實無比。）

我很難相信後來真正成為醫生的人是我，不是她。她很聰明，做什麼事都全力以赴，根本是個模範生。每個老師都喜歡她，但這樣還是幫不了她。還沒升上十年級她就休學了，然後走上吸毒的毀滅人生。我明白這是因為家裡的情況太糟糕。她受到的虐待不曾停止，最後形成一個愚蠢的惡性循環。她被揍一頓之後逃家，回來後又再度遭到處罰。

我清楚記得泡泡躲在門廊下，不知道自己該何去何從。我記得家裡瀰漫的恐怖氣氛；父親的怒吼穿透牆壁，我在樓上一聽見他的聲音就發抖。我看見泡泡流淚。回憶起往事，我不禁好奇，為什麼當時沒有人為她挺身而出。學校、警察，甚至連法庭指派的社工顯然都有機會出手相救。

## 小泡泡出生

不久，泡泡從家裡搬出去。雖然當時我不太明白到底發生了什麼事，但是我知道她懷孕了。我記得她穿著寬鬆的洋裝，我摸到寶寶在她肚子裡亂動。親戚全都拒絕參加她的婚禮時，我跟她說：「沒關係！沒關係！」然後握著她的手。

「小泡泡」的出生是一件開心的事，猶如沙漠般的人生裡出現綠洲。很多熟人到醫院看她：

母親、妹妹，甚至連父親都來了。泡泡有一副好心腸而且個性隨和，這麼多人來看她一點也不令我驚訝。她真的很開心。我坐在她的床邊，她問我（她的小弟弟）是否願意當小泡泡的教父。

但這一切只是短暫的快樂，就像矗立在柏油路上的一朵野花。我不知道為了這樣的快樂，她可能付出了哪些代價。後來我發現她再度出問題，那時她接受的鋰治療已經失效。她的心智漸漸惡化，胡言亂語的情況愈來愈嚴重，行徑也變得更加古怪。當時我對醫學已有足夠的了解，可以冷靜看待疾病對她造成的影響。但是當我看見她的孩子被帶走時，我的情緒依然相當激動。我深深記得她在醫院裡澈底失去希望的模樣，她被綁起來，服用了鎮靜劑。離開醫院的那天，我把關於她的回憶跟淚水揉合在一起。

對泡泡來說，最安心的地方就是我們兒時住過的舊家，那是一段難得的平靜歲月。舊家翠綠的蘋果樹有最涼爽的樹蔭。這些樹是五十幾年前我朋友芭芭拉的父親種的。我父母賣掉舊家多年之後，有次新屋主看見泡泡屈著身子坐在人行道上。臥室的窗戶全都打開，迎進帶著花香的微風。屋子側面的舊花架依然垂吊著野玫瑰。

「不好意思，女士，你還好嗎？」

「我很好，」泡泡說：「我沒事的。我母親，她在家嗎？」

「你母親已經搬走了。」新屋主說。

「你為什麼要說這種話？這不是真的。」

經過一番爭執後，新屋主報了警，警察把泡泡帶回警察局並通知母親去接她，然後她大概會被帶去診所打針之類的。

## 遲到的父愛

儘管經歷了這麼多磨難，泡泡依然是個美女，城裡的小伙子經常對她吹口哨。不知道是因為害怕黑暗或是因為迷路，她經常會消失一、兩天。有一次她被發現睡在公園裡，非常悲傷，一頭亂髮蓋在臉上。她的衣服被撕破，但是她對發生了什麼事幾乎毫無記憶。不過我記得在那之後一、兩年她懷孕了，我想她一定是又被人占了便宜。我清楚記得她安靜又難為情地看著我，懷裡抱著她的寶寶。寶寶的頭髮像秋天的楓葉一樣紅。他有一張可愛的臉，長得不像我們認識的任何熟人。

泡泡有時候甚至連自己住在哪裡都不記得，對此我不確定該感到慶幸或遺憾。有天晚上，她全身赤裸在附近的公園裡徘徊。有個警衛把泡泡送到父親的公寓門口時說：「蘭薩先生，我送您的女兒回來。」父親把她帶進屋裡，用水壺煮咖啡讓她暖暖身子，慈愛地照顧她的需要。如果他四十年前就能給泡泡這樣的父愛，或許故事會有不一樣的結局。

## 生命並不是偶然與巧合

泡泡的故事以及泡泡跟我的關係有上千種不同的版本，發生在許多不一樣的家庭裡：心理疾病、妄想症、悲劇夾雜著歡樂的短暫時刻。人生苦短，當遲暮之年的我們回想起心愛的人時，總是會有一種虛幻如夢的感覺。「這件事真的發生過嗎？」我們會在腦中浮現某個畫面時這麼想，尤其是想到早已離世的親友。我們會以為自己在幻想，宛如走進一條鏡廊，年輕與年老、夢與清醒、悲傷與欣喜都像古老的默片一樣，畫面一格接著一格迅速變換。

神職人員或哲學家的忠告就是在這裡發揮了作用，或是如他們自己所說的，提供了希望。但「希望」是一個可怕的字眼，它結合了無法預測結果的恐懼；就像賭徒緊盯著旋轉的俄羅斯輪盤，賭局的結果將決定他是否能夠支付貸款。

不幸的是，這正是科學界的盛行心態：**希望**。如果你的生命、我的生命、泡泡的生命（她目前依然過著接受照護的生活），所有的生命都源於分子在寂靜而愚蠢的宇宙中隨機碰撞，那我們可得小心了。我們受到呵護的機率跟被欺負的機率一樣高。骰子可能會、也一定會隨機翻轉，我們該做的就是閉上嘴巴、及時行樂。

**真正的隨機事件既不能帶來刺激，也無法帶來創意，即使可以也非常有限。但是生命會變化、會演進，還可以體驗，這些都無法用理智去解釋。**聽見三聲夜鷹（whip-poor-will）在月光下啼唱時，優美的歌聲會讓你心跳稍稍加快，任何一個心智正常的人都不會說這是撞球隨機碰撞的愚蠢結果吧？任何一個具有觀察力的人都不會說出這種話，因此，每當科學家站在講臺上義正辭嚴地堅稱生命是隨機的結果時，我總是有點驚訝。他們都是有意識的、功能良好的生物體，由數億個完美運作的器官組成。我們最不經意的舉動，正好證實了生命的奇妙。

生命的歷程絕對不是隨機的，而且最終也不可怕，就連泡泡那樣悲傷而異常的歷程也一樣。或許我們可以把這些歷程視為冒險之旅，或者是一段旋律中的插曲，而這段旋律悠長恆久，所以人類的耳朵無法欣賞這首交響樂的完整曲調。

無論如何，生命的歷程絕對不是有限的。凡是誕生的終將死亡，而我們將在下一章討論宇宙的本質：

宇宙是不是像杯子蛋糕一樣有製造日期跟保存期限？它是永恆不變的嗎？接受生命宇宙論的觀點，意味著你不但選擇了**相信生命本身**，也選擇了**相信意識**。意識沒有起點，也沒有終點。

第七章

# 明天比昨天先來到

## ——唯有被感知到的東西才是真的

我敢說沒有人了解量子力學。如果可以的話，請儘量避免問自己：「怎麼可能會這樣？」因為這個問題會讓你走進尚未有人逃出的死巷，跌進浪費時間與精神的「深溝」裡。

——諾貝爾物理獎得主理察・費曼（Richard Feynman）

## 量子力學撼動了牛頓的宇宙

量子力學以驚人的機率，準確性描述了原子與原子組成物的微小世界和它們的行為。許多推動現代社會的技術都是依據量子力學設計和建造的，例如雷射與先進電腦。

然而量子力學不但在許多方面撼動我們對空間與時間的基本觀念和絕對觀念，也威脅著符合牛頓定律的秩序概念和確定的預測。

偵探福爾摩斯的這句至理名言值得參考：「排除了不可能的因素後，剩下來的因素無論多麼不合理，必定存在著真相。」這一章會像福爾摩斯一樣謹慎過濾量子論的證據，並試著不要受到三百年來的科學成見影響。科學家之所以「走進死巷，跳進深溝」，是因為他們拒絕接受科學實驗立即而明顯的含意。只有生命宇宙論從人的角度出發，為宇宙提供易於理解的答案。等我們終於跳脫傳統思維的時候，一定不會後悔悲傷。正如諾貝爾獎得主史蒂文・溫伯格（Steven Weinberg）所言：「向人們說明物理基本定律是一件苦差事。」

## 量子怪誕性

### 觀察者的出現

為了說明空間與時間跟觀察者之間的相對性，愛因斯坦利用複雜的數學公式計算變換的時空翹曲；時空（space-time）是看不見也摸不到的無形存在。雖然這個理論成功解釋了物體的運動，尤其是在重力很強或速度很快的極端情況下，但是它讓許多人以為時空是一種實體，像切達乳酪一樣，而不是專門用來計算運動而發明的數學式。當然時空絕對不是數學工具第一次被誤認為有形的實體：負一的平方根與無限大是兩個不可或缺的數學符號，但僅存於觀念之中，在現實的宇宙裡完全找不到對應。

量子力學出現後，這個觀念現實與物質現實的二元論更加盛行。儘管觀察者是這個理論的核心角色（量子力學從空間與時間延伸到物質本身的特性），有些科學家對觀察者的存在不予理會，視其為麻煩的非實體（non-entity）。

在量子的世界中，連愛因斯坦改良版的牛頓鐘錶宇宙（太陽系是一臺可預測的複雜計時器）也無法成立。獨立事件可在毫無關聯的不同地點發生，這個備受重視的觀念通常稱做局域性（locality）。但是在原子和小於原子的世界裡並不成立，而且有愈來愈多證據顯示，局域性在巨觀的世界裡也愈來愈站不住腳。根據愛因斯坦的理論，時空裡發生的事件可以根據彼此的相對性加以測量，但是量子力學更注重測量本身的性質，足以撼動客觀的基礎。

## 測不準原理

研究次原子粒子時，觀察者似乎會改變並決定他自己的感知結果。實驗者的存在與實驗方法跟觀察對象和觀察結果密切相關。電子既是粒子也是波，**為什麼？**更重要的是，這顆粒子的**位置**

也取決於觀察行為。

這的確是全新的觀念。量子論出現之前，物理學家合理假設宇宙是一個外在、客觀的空間，並希望能夠明確判定粒子的軌跡與位置，就像觀察行星一樣。他們認為只要一開始取得所有資訊，就能預測粒子的行為；只要有適當的技術，無論物體是大是小，都能準確測量出物理特性。

除了測不準原理（quantum uncertainty）❶，現代物理學還有一項發現也撼動了愛因斯坦的離散實體與**時空**觀念。愛因斯坦認為光速是恆定的，發生在某地的事件無法影響同時間發生在另一個地方的事件。根據相對論，粒子之間的訊息傳遞必須將光速納入考量。在長達將近一世紀的時間裡，這個觀念早已得到證實，甚至受到重力影響也一樣。在真空狀態中，光的速度是每秒 186,282.4 哩。然而，最近已有實驗證明並非每一種資訊的傳遞都是如此。

## 糾纏粒子會同步回應孿生粒子的行為或狀態

或許真正的怪誕性（weirdness）始於一九三五年，當時物理學家愛因斯坦、波多爾斯基（Podolsky）與羅森（Rosen）研究了一種奇特的量子現象：粒子糾纏（particle entanglement），這篇論文非常有名，直到現在這個現象仍被稱為「EPR關聯性」（EPR correlation）。這三位物理學家捨棄量子論的預測，也就是粒子以某種方式「得知」在不同空間裡另一顆粒子的行為，並且把任何這方面的觀察結果歸因於某種尚未被發現的局部汙染，而不是愛因斯坦所嘲笑的「遠距幽靈行為」（spooky action at a distance）。

這句話很有意思，不亞於這位偉大物理學家說過的幾句名言，例如，「上帝是不會擲骰子的」（God does not play dice.）。這是對量子論的再度攻擊，這次攻擊的是量子論堅稱有些東西只能以**機率**的形式存在，而不是位在現實空間的真實物體。「遠距幽靈行為」這句話在物理學課堂上流傳了數十載，把量子論真正的怪誕性埋藏在大眾的意識之下。在實驗器材比較粗陋的情況下，誰敢說愛因斯坦錯了？

但是愛因斯坦**確實**錯了。一九六四年，愛爾蘭物理學家約翰．貝爾（John Bell）提出一項實驗，證明距離遙遠的兩個粒子也能立即影響彼此。首先必須製造波函數相同的粒子或光子（別忘了固態粒子也具有能量波）。以光來說，只要把光送進特殊的晶體就行了；這時會出現兩顆光子，各自擁有進入晶體的光子一半的能量（兩倍波長），所以並不違反能量守恆定律。離開晶體的總**能量**與進入時相同。

量子論告訴我們，自然界的一切都同時具有粒子和波的特性，而且物體的行為只以機率的形式存在，所以在波函數塌縮之前，沒有任何小型物體會存在於特定的地方或進行特定的運動。什麼會導致波函數塌縮？以任何方式干擾它。

用光子打在它身上，幫它「照相」，就能讓它立刻塌縮。但是實驗者很快就發現，**任何觀察物體**的可能方式都會導致波函數塌縮。舉例來說，一開始為了測量電子的位置，必須把光子打在

---

❶粒子的位置與動量不可能同時被測定。

電子上；但是後來發現光子與電子的互動會自動導致波函數塌縮。從某方面而言，這項實驗已遭汙染。然而隨著愈來愈多精密實驗的出現（請見下一章），我們發現**光靠實驗者心智中所知道的事**就足以導致波函數塌縮。

這件事很奇怪，但更奇怪的還在後面。糾纏的粒子被創造出來後，糾纏對（pair）會**共用**一個波函數。當其中一顆粒子的波函數塌縮時，另一顆粒子的波函數也會塌縮，就算它們位在宇宙兩端也一樣。也就是如果一顆粒子被觀察到自旋為「上旋」，另一顆粒子也會**立刻**從機率波（probability wave）變成下旋的真實粒子。兩者之間有密切的關聯，這種行為超越了空間，也不受時間影響。

一九九七年到二〇〇七年之間的實驗都證實了這種現象的存在，同時被創造出來的小型物體彷彿擁有某種超感知覺（ESP）。當一顆粒子隨機選擇往某個方向移動時，它的孿生粒子也會在同一時刻展現相同的行為（應該說是互補的行為），無論兩顆粒子是否相隔天涯海角。

一九九七年，瑞士研究員尼可拉斯·吉森（Nicholas Gisin）做了一項非常驚人的實驗，終於讓量子糾纏的研究有所進展。他的團隊製造出糾纏的光子，然後讓光子沿著光纖行進，直到彼此相隔七哩。光子碰到干涉儀時，必須從兩條路徑中擇一而行，每一次都是隨機選擇。吉森發現無論光子選擇哪一條路，它的孿生光子也會在同一時刻選擇**另一條路**。

這裡的關鍵字是**同一時刻**。第二顆光子的反應完全沒有因為相隔七哩而延遲（時間約二十六毫秒），它的動作只比第一顆光子慢了不到百億分之三秒：這是測量儀器的準確度上限。

這種行為被判定為同步行為。

雖然符合量子力學的預測，但實驗結果依然讓人吃驚，就連做實驗的物理學家也驚訝不已。這項實驗證實了糾纏粒子會同步回應孿生粒子的行為或狀態，無論彼此相隔多麼遙遠。

## 遠距幽靈行為確實存在

這些實驗結果太過驚世駭俗，因此有些人努力尋找實驗的缺失。其中一個說法是「偵測器功能不全」，聲稱目前為止所有的實驗都無法測量到足夠的孿生光子數。批評者說實驗儀器觀察到的光子比例太低，而且碰巧只捕捉到行為同步的孿生光子。不過二〇〇一年做的一項新實驗彌補了這個缺失。國家標準技術研究所（National Institute of Standards and Technology）的一支研究團隊在《自然》期刊發表了一篇論文，領導這支團隊的是戴維．瓦恩蘭（David Wineland）博士，他們利用鈹離子糾纏對與高效率偵測器證實了每一顆粒子都會同步回應孿生粒子的行為。

幾乎沒有人相信這是因為有一種全新的未知力量或交互作用，能瞬間從一顆粒子跑到另一顆孿生粒子身上。瓦恩蘭告訴本書的其中一位作者：「遠距幽靈行為**確實**存在。」當然，他很清楚這種行為完全無法解釋。

大部分物理學家認為，相對論的光速為速度上限的論點並未遭到推翻，因為沒有人能**利用**EPR關聯性傳送資訊，原因是傳送粒子的行為永遠是隨機的。目前的研究方向以實用路線為主，不去探討哲學考量：研究目的是如何駕馭這種奇特的行為，創造出全新的超強量子電腦，也就是瓦恩蘭所說的：「承載符合量子力學的奇特資訊。」

## 局域性被澈底推翻

一路走來，過去十年的實驗似乎真的能夠證明愛因斯坦所堅持的「局域性」（在超光速的情況下，物體無法互相影響）是錯的。我們觀察到的實體都在一個場域裡飄浮，生命宇宙論認為這是個場域是**心智場域，不會受限於一世紀前愛因斯坦提出的外在時空**。

雖然生命宇宙論以量子論做為主要的立論依據，但是它絕對不能被視為一種量子現象。貝爾定理（Bell's Theorem）自一九六四年發表以來，已經過多次實驗證實，打破了愛因斯坦（與其他物理學家）對局域性抱持的一絲希望。

在貝爾之前，局域實體論（local realism）❷，也就是一個客觀且獨立存在的宇宙，依然被認為有可能是正確的（雖然質疑的聲音愈來愈多）。在貝爾之前，很多人依然堅守流傳千年之久的**「先有物理狀態才能加以測量」**的假設。在貝爾之前，多數人相信粒子有固定的屬性與數值，跟測量的行為無關。愛因斯坦證明沒有任何資訊的運動速度高於光速，因此大家認為只要觀察者相隔的距離夠遠，其中一個觀察者的測量行為就不會影響到另一個觀察者。

以上觀念都已永遠遭到推翻。

## 量子論的三大領域都支持生命宇宙論

除了這些觀念，量子論的三大領域也支持生命宇宙論，只是內容太過艱澀。我們將在稍後仔細討論量子論的三大領域，現在先簡短說明內容。第一個是剛才提過的**量子糾纏**，也就是兩個有關聯的物體之間會模仿彼此的行為，不但發生在同一時刻而且恆久不變，就算相隔著銀河也一樣。這種幽靈行為在典型的雙狹縫實驗（two-slit experiment）中更加明顯。

第二個是**互補原理**（complementarity）。小型物體可以呈現兩種型態的其中一種，不可能兩種同時呈現，而且呈現哪一種型態取決於觀察者的行為。物體本身**沒有特定的位置，也沒有**特定的運動。唯有透過觀察者的察覺與行為，才能讓物體存在於某個位置，或是處於特定的狀態。這種具有互補性的量子對很多。物體可以是波，也可以是粒子，但不會同時既是波又是粒子。它可以存在於一個特定位置，或是呈現運動狀態，但是不會兩者同時發生，以此類推。它的真實完全取決於觀察者與觀察者的實驗。

第三個支持生命宇宙論的量子論原理是**波函數塌縮**，也就是一顆粒子或光子只存在於或然率的模糊狀態，直到**觀察時**發生波函數塌縮才會明確地存在。這是哥本哈根詮釋（Copenhagen

❷結合「局域性原理」與「所有物體在被測量之前，必定原本就存在著能用任何可能的測量方式加以測量的客觀值」之「現實」假設。

interpretation）❸對量子論實驗的標準說明，不過還有其他與之競爭的觀念，稍後再做解釋。

幸運的是，維爾納・海森堡（Werner Heisenberg）、貝爾、吉森與瓦恩蘭的實驗提醒我們回歸到經驗本身：此時此地的立即性。在物質浮現之前（一顆石頭、一片雪花，甚至是一顆次原子粒子），都必須先被一個生物觀察到。

## 雙狹縫實驗

「觀察的行為」在著名的雙狹縫實驗中特別明顯，這個實驗直搗量子物理學的核心。雙狹縫實驗曾多次被複製，而且有許多不同版本，明確地證實了當觀察者觀察一顆次原子粒子或光子通過障礙物上的細縫時，它就會表現出粒子的行為，在通過細縫後，像固體一樣砰——砰——砰地撞上最後一道測量撞擊力道的障礙物。就像一顆微小的子彈，它合理地選擇通過其中一道細縫。可是，如果科學家**沒有觀察**這顆粒子，它就會表現出波的行為，**保留呈現各種可能性的權利**，例如設法同時通過兩道細縫（儘管它無法一分為二），並且製造出只有波才能製造的漣漪圖形。

波粒二象性又稱為**量子怪誕性**（quantum weirdness），困擾了科學家好幾十年。曾有幾位最偉大的物理學家說，波粒二象性無法靠直覺去理解，無法用文字描述，無法想像，而且顛覆常識與一般感知。科學界已承認量子物理學需依賴複雜的數學才能理解。量子物理學為什麼難以透過比喻、想像和語言來形容呢？

## 量子波是機率波，不是物質波

神奇的是，如果我們相信現實世界是生命創造出來的，一切就會變得簡單明瞭。關鍵在於它是「什麼波」？一九二六年，德國物理學家馬克斯・玻恩（Max Born）證明了量子波是**機率波**，而不是物質波，符合物理學家薛丁格（Schrödinger）的理論。機率波是統計預測，因此是一種**可能性**。事實上，從這個概念看來，量子波根本不存在！它是無形的。諾貝爾物理獎得主約翰・惠勒（John Wheeler, 1911–2008）❹曾說：**「在被觀察到之前，任何現象都不是真實的現象。」**

請注意我們現在說的是離散物體，例如光子或電子，而不是大量物體的聚集物，例如火車。當然，我們可以根據火車時刻表去車站接朋友，也可以確信就算我們不在場，他搭的火車也真實存在，不需要我們親眼看見。（其中一個原因是物體愈大，波長愈短。在巨觀的世界裡，波的距離很近，近到難以察覺或測量，但是它們依然存在。）

可是離散的粒子如果沒有受到觀察，就無法被視為真實的存在，無論是時間上的存在或空間上的位置。心智幫物體建造空間上的鷹架，直到物體在代表自己各種可能數值的或然率迷霧中成形為止，在這之前無法判定它的確切位置。因此，量子**波**只定義了一顆粒子**可能**占據的位置。當

❸量子力學有兩種詮釋版本，一種是哥本哈根詮釋，一種是多重宇宙詮釋。目前兩種詮釋都尚未獲得任何實驗證實。

❹美國知名物理學家。是第一位從事原子彈研究的美國人，在量子論與相對論方面的研究亦成就卓著。首創許多重要的物理學術語，例如，「黑洞」、「蟲洞」、「量子泡沫」等等。

科學家觀察一顆粒子時，粒子會在統計機率之內出現。這就是波所定義的內容。機率波不是一種**事件**或**現象**，而是用來描述事件或機率發生的可能性。在事件被觀察到之前，**什麼事也沒有發生**。

做雙狹縫實驗時，光子或電子一定會通過兩道細縫中的其中一道，因為光子跟電子都是不可分割的，這讓人不禁想問：這顆光子會選哪一條路？許多優秀的物理學家都設計過相關實驗，想在粒子形成干涉圖樣（interference pattern）❺的過程中，測量粒子的「路徑選擇」資訊。然而，這些實驗全都得到一個驚人的結論，那就是**路徑選擇與干涉圖樣都是無法觀察的**。你可以準備測量工具，觀察光子會選擇通過哪一道細縫。但是當你準備好這樣的測量工具時，會發現光子撞上屏幕後不會出現漣漪干擾的圖形。簡言之，光子會以粒子的型態出現，而不是波。下一章會用圖示說明雙狹縫實驗與它驚人的怪誕性。

觀察粒子通過障礙物顯然會立即導致波函數塌縮，粒子無法隨機選擇兩種狀態，而是必須擇一而行。

還有更奇怪的。如果我們接受了不可能取得路徑選擇資訊與干涉圖樣這個事實，也許可以進一步思考。我們以糾纏的光子做實驗，它們漸漸遠離彼此，但是行為上的關聯卻不會中斷。

假設我們讓光子y跟光子z朝不同的方向走，然後再次進行雙狹縫實驗。我們已經知道如果我們在光子y抵達探測屏之前不去測量它，它就會神祕地通過兩道細縫並製造出干涉圖樣。但是在這次新的實驗中，我們設置了一種儀器，可以測量數哩外孿生光子z的路徑選擇。答對了：我們啟動儀器測量光子z的同時，光子y立刻「知道」我們能**推導**出它的路徑（因為它的行為跟孿生光子z相反或互補）。我們一啟動儀器測量遠方的光子z，光子y就突然停止製造干涉圖樣，但是我們沒有對光子y做任何事。就算光子y與光子z位在銀河兩端，依然會出現相同的現象，而且是立即發生。

## 怎麼樣都騙不過量子定律

雖然看似不可能，但更恐怖的還在後面。如果我們先讓光子y通過細縫並抵達探測屏，並且在那一瞬間立刻測量遠方的光子z，應該可以騙過量子定律。先等第一顆光子走完路徑之後，才測量遠方的孿生光子。如此一來，我們應該可以知道兩顆光子的偏振（polarization）❻，**並且**看見干涉圖樣，對吧？錯了。進行這項實驗的時候，我們得到的是非干涉圖樣。光子y**反過來**停止通過兩道細縫，干擾消失了。儘管光子z尚未碰到偵測偏振的儀器，光子y顯然早已知道我們**終將**算出它的偏振。

是哪裡露出了破綻？這個現象對時間、連續性的真實存在、現在和未來有什麼意義？對空間與分離有什麼意義？我們如何推斷自己的角色？又如何推斷我們的察覺在同一時刻影響了相隔數

❺「干涉」指的是兩列或兩列以上的波在空間中重疊時產生疊加，形成新的波形。「干涉圖樣」就是干涉形成的圖樣。

❻意指波動能夠朝著不同方向振盪的性質。

哩的真實事件？光子如何預測自己的未來？它們怎麼可能即時溝通、超越光速？這對光子顯然以特殊的方式彼此連結，而且無論相隔多遠都無法切斷；這種方式超脫時間、空間，甚至因果。而對我們來說更重要的是，這個現象對觀察與這些實驗的「心智場域」有何意義？

## 哥本哈根詮釋

哥本哈根詮釋誕生於一九二〇年代，由海森堡與波耳提出。他們大膽嘗試說明量子論實驗的奇特結果。但是對多數人來說，這樣的世界觀轉變太過令人不安，難以全盤接受。簡言之，哥本哈根詮釋率先宣稱：在進行測量之前，次原子粒子並不存在於明確的地方，也沒有實際的運動。

這個主張直到四十幾年後才由貝爾與其他科學家證實。它處在一種奇特的模糊區域，而不是真正存在於任何地方。只有在它本身的波函數塌縮時，這種不明確的模糊存在才會終止。哥本哈根詮釋的擁護者只花了幾年的時間，就發現唯有被感知到的東西才是**真的**。如果生命宇宙論正確無誤，哥本哈根詮釋就完全成立。否則，一切只是個謎。

## 多重宇宙詮釋

除了哥本哈根詮釋，也就是物體一被觀察就會發生波函數塌縮及遠距幽靈行為，另一派的詮釋叫做「多重宇宙詮釋」（Many Worlds Interpretation）❼：所有**可能**發生的事都會發生。宇宙像發酵的酵母一樣，逐漸擴散成無限多個宇宙，含有各式各樣的可能性，無論可能性有多低。

此刻你住在其中一個宇宙裡，但是有無數個其他宇宙，裡面住著另一個主修攝影而不是會計的「你」，還搬到巴黎並且娶了那個你搭便車時遇見的女孩。多重宇宙的觀點受到許多現代理論家的支持，例如霍金；這種觀點認為我們的宇宙完全沒有疊加（superpositions）❽或矛盾，也沒有幽靈行為或非局域性：看似矛盾的量子現象，以及你以為你從未做過的個人選擇，其實此時此刻存在於無數個平行宇宙裡。

哪一種詮釋才是對的？幾十年來的量子糾纏實驗結果都愈來愈支持哥本哈根詮釋。而正如之前提過的，哥本哈根詮釋是生命宇宙論的堅實基礎。

## 隱藏變數

有些物理學家（例如愛因斯坦）提出「隱藏變數」（hidden variables，也就是尚未被發現或了解的變數），或許最終能夠解釋違反邏輯的量子行為。或許實驗設備以一種還沒有人想到的方式汙染了被觀察的物體行為。我們顯然無法反駁未知變數的影響力，因為這句話本身就像政客的競選承諾一樣毫無意義。

---

❼量子力學有兩種詮釋版本，一種是哥本哈根詮釋，一種是多重宇宙詮釋。目前兩種詮釋都尚未獲得任何實驗證實。

❽對所有的線性系統來說，在特定的地點與時間，由兩個或多個刺激產生的綜合反應，相當於由每個刺激單獨產生的反應之總和。

## 大尺度疊加實驗

為了方便，目前這些實驗的含意在大眾的心中僅被輕描淡寫，因為不久之前量子行為僅發生在微觀世界裡。但是這種做法毫無理性基礎，更重要的是，全球有愈來愈多的實驗開始挑戰這種做法。新的實驗使用一種叫做$C_{60}$（buckyballs）的大分子，證明量子論也適用於我們所居住的巨觀世界。在二〇〇五年的實驗中，碳酸氫鉀（$KHCO_3$）晶體被觀察到半吋高的量子糾纏脊線，證明量子行為也存在於巨觀的日常生活中。事實上，最近有一項令人興奮的新實驗（所謂的**大尺度疊加**〔scaled-up superposition〕）能提供目前為止最強而有力的證據，證明生命宇宙論的世界觀適用於生物的世界。

對此我們想說的是：當然如此。因此，我們要補上生命宇宙論的第三法則：

生命宇宙論第一法則：我們感知到的真實是一個與意識有關的過程。

生命宇宙論第二法則：外在感知與內在感知密不可分。兩者猶如硬幣的兩面，無法分割。

**生命宇宙論第三法則：次原子粒子的行為（意即所有的粒子與物體）和觀察者息息相關。少了有意識的觀察者，它們充其量只是處於一種尚未確定的機率波狀態。**

第八章

# 顛覆人類宇宙觀的雙狹縫實驗

## ——盯著水壺看，水就燒不開

理論上，如果一顆核彈受到專心注視，它就不會爆炸。真實世界的結構會受到人類觀察的影響，「外在」物體的具體行為取決於觀察者。

## 量子論被濫用

遺憾的是，量子論成了各種新時代論述尋求證明的統一理論。許多發表時間旅行或心靈控制等荒誕言論的作者，還有那些用量子論做為「證據」的作者，對物理學的了解不但可能微乎其微，甚至連量子論的基本原理都搞不清楚。二〇〇四年的熱門電影《當心靈遇上科學》（*What the Bleep Do We Know?*）就是個好例子。電影一開始就宣稱量子論澈底改革了人類思想，這句話雖然沒錯，但是接下來並未詳加解釋就直接說量子論證明人類可以回到過去，或是「選擇自己想要的實相」。

這種論述絕對不符合量子論。量子論處理的是機率，粒子可能出現在哪些地方以及可能會做出哪些行為。稍後我們將會說明雖然光子與物質粒子的行為取決於有沒有受到觀察與測量，但是粒子確實會神奇地影響其他粒子的過往行為。這絕對不代表人類可以回到過去，或影響自己的過去。

### 正確認識量子論實驗

**量子論**這個名詞已受到廣泛應用，再加上生命宇宙論的法則顛覆了既有規範，使用量子論做為證據或許會引發質疑。因此，讀者必須先了解真正的量子論實驗才行。如此一來，讀者才能明白真正的實驗結果是什麼，而不是那些用實驗結果借題發揮的荒謬主張。稍微有點耐心的讀者可以透過這一章認識物理學發展史上最有名也最神奇的實驗，而且還是這個實驗的最新版本；了解這個實驗足以改變你的人生。

## 雙狹縫實驗的最新版本

驚人的「雙狹縫實驗」改變了人類的宇宙觀，也是生命宇宙論的支柱；數十年來，雙狹縫實驗不斷被複製。本章介紹的實驗發表於二〇〇二年的期刊《物理評論A》（*Physical Review A, 65, 033818*），但它只是眾多雙狹縫實驗的其中一個版本，把這個七十五年來一再被複製的實驗稍加修改。

雙狹縫實驗始於二十世紀初，當時物理學家尚未解開一個非常古老的疑問：光是由叫做光子的粒子組成，還是一種能量波？牛頓相信光的組成物是粒子。但是到了十九世紀末，波似乎比粒子更加合理。那個年代已出現一些高瞻遠矚的物理學家，他們認為固態物體可能也具有波的性質。

為了找出答案，我們使用一種既不是光也不是粒子的來源。典型的雙狹縫實驗所使用的粒子通常是電子，因為電子很小、很基本（不會再分裂成其他粒子），也很容易打在遠方的目標上。傳統電視機就是電子打在螢幕上的例子。

我們先把光瞄準探測屏。不過，光必須通過第一道有兩個細縫的障礙物。我們可以照射連續光或是一次射出一顆不可分割的光子，兩者結果相同。每道光或每顆光子都有百分之五十的機率會選擇右邊或左邊的細縫。

一段時間後，所有的光子子彈會在探測屏上形成一個圖形：大部分打在中間，少數幾顆打在邊緣，因為大部分的光源路徑或多或少都是直線。機率法則說我們應該會在探測屏上看見以下這樣的圖形。

如果以圖表呈現（x軸是光子在探測屏上的位置，y軸是光子的數量），光子子彈確實符合預期，集中在中間，只有少數落在邊緣，形成左頁這張曲線圖。

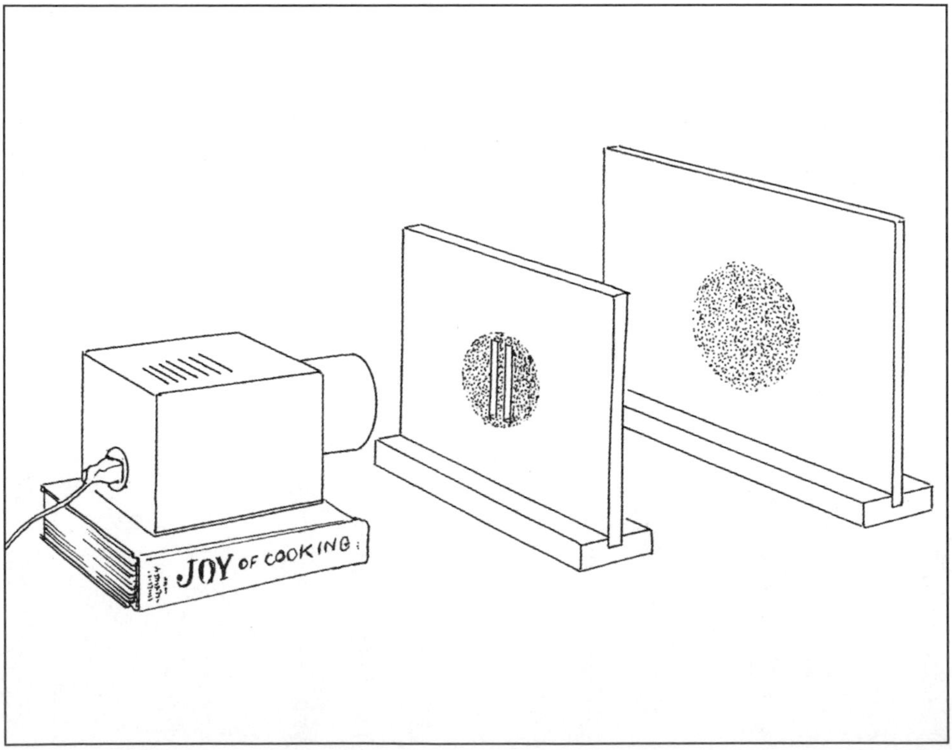

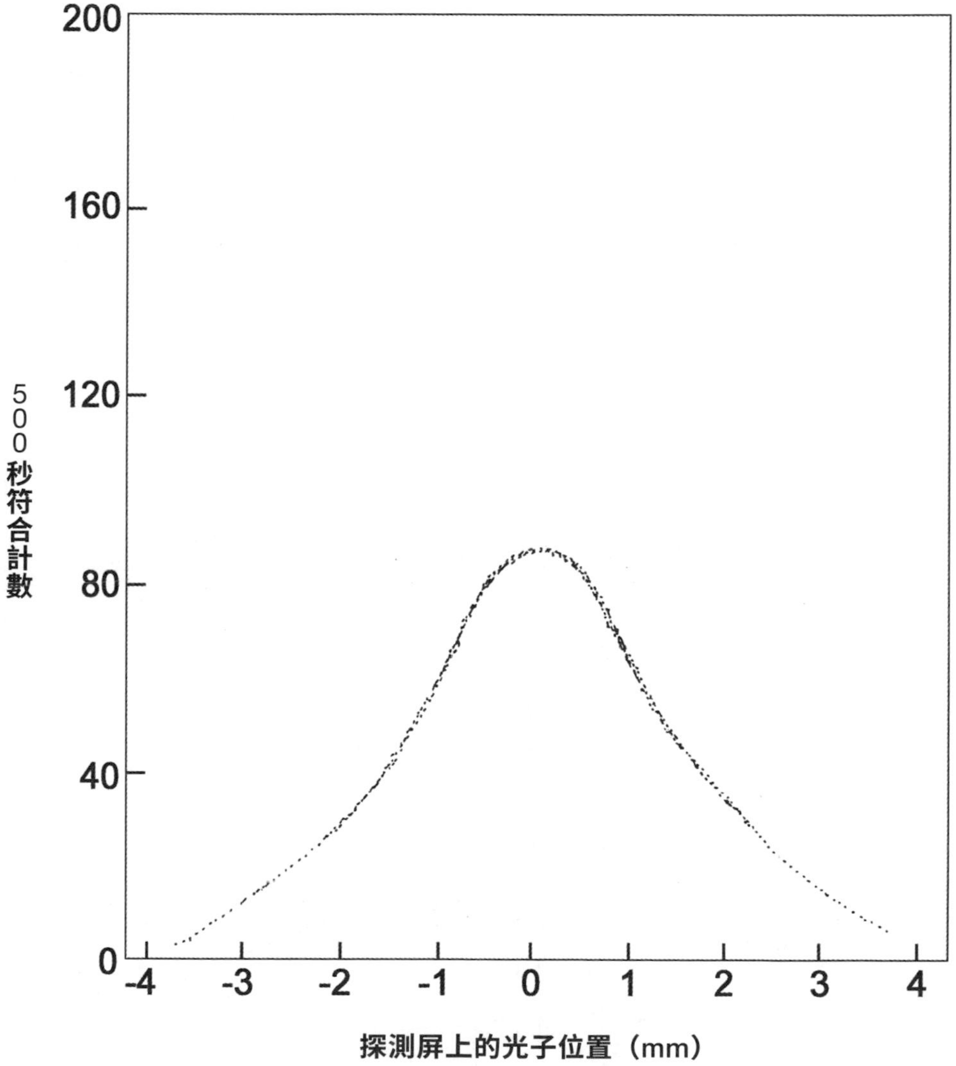
200
160
120
80
40
0
500秒符合計數
-4
-3
-2
-1
0
1
2
3
4
探測屏上的光子位置（mm）

但是，這並非我們得到的實驗結果。一個世紀以來，這個實驗已進行過數千次；我們發現光子會形成一種奇特的圖形，如下圖。而撞到探測屏上的光子曲線圖，則如左頁。

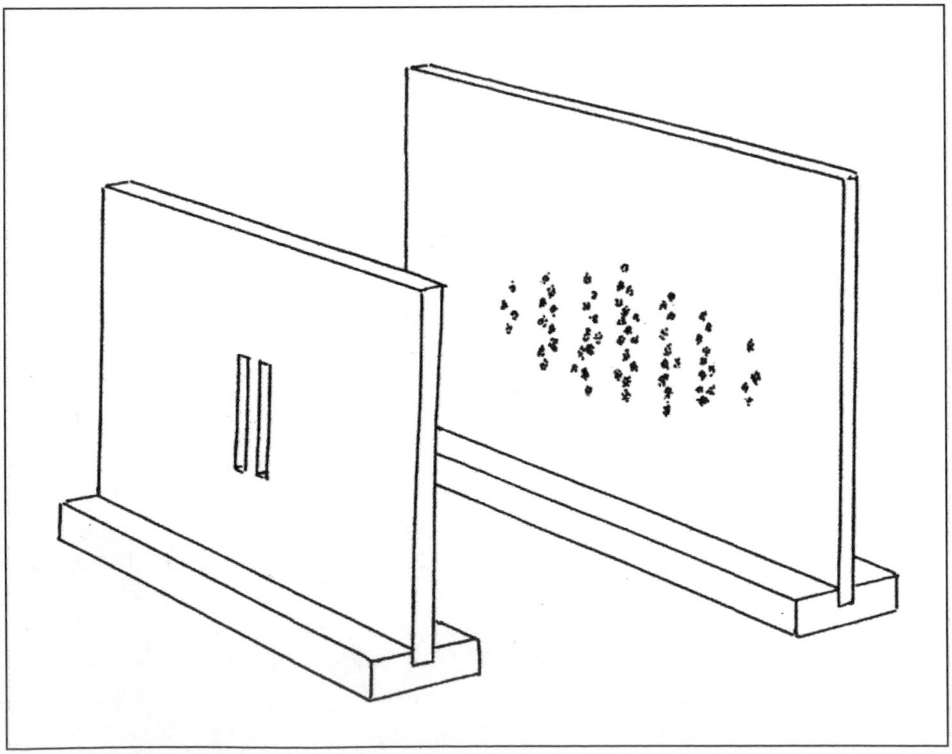

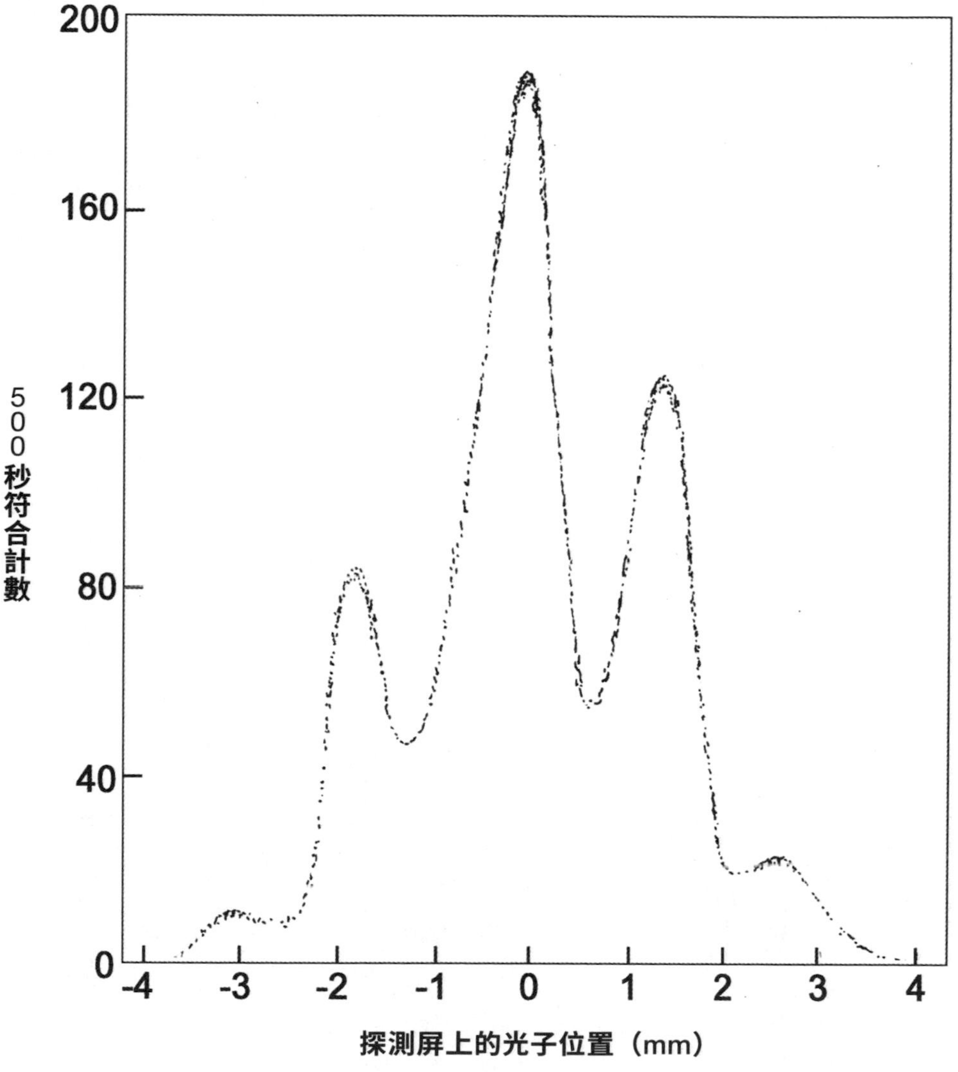
200
160
120
80
40
0
500秒符合計數
-4
-3
-2
-1
0
1
2
3
4
探測屏上的光子位置（mm）

## 固態粒子也具有波的特性

理論上，主波峰兩側較矮的波峰應該是對稱的，但實際上受到機率與個別光子的影響，結果通常不會完全符合理想狀態。總之，最重要的問題是：為什麼會出現這種圖形？

如果光是波，不是粒子，那麼這個圖形完全符合預期。波會彼此碰撞干擾，形成漣漪。如果把兩顆石頭同時扔進池塘裡，兩者的漣漪會碰在一起，形成高於一般或低於一般的水波。有些水波會互相增強，如果是波峰碰到波谷就會互相抵消。

二十世紀初的實驗發現的干涉圖樣只可能來自波，因此物理學家知道光是一種波，或至少在實驗中表現出波的行為。神奇的是就算使用固態物質，例如電子，也會得到一模一樣的圖形。**固態粒子也有波的特性！**所以雙狹縫實驗從一開始就為實相的本質提供了驚人資訊。固態物體有波的特性！

## 干擾光子的是光子本身的機率波！

遺憾（或幸運）的是，這只是前奏。當時幾乎沒有人知道真正的怪異才正要開始。

怪異現象的初次出現，是一次只讓一顆光子或電子通過實驗設備的時候。數量夠多的光子或電子通過障礙並一一探測完之後，形成了同樣的干涉圖樣。但是怎麼可能呢？光子或電子在干涉**什麼**？一次只讓一顆不可分割的粒子通過，為什麼會形成干涉圖樣？

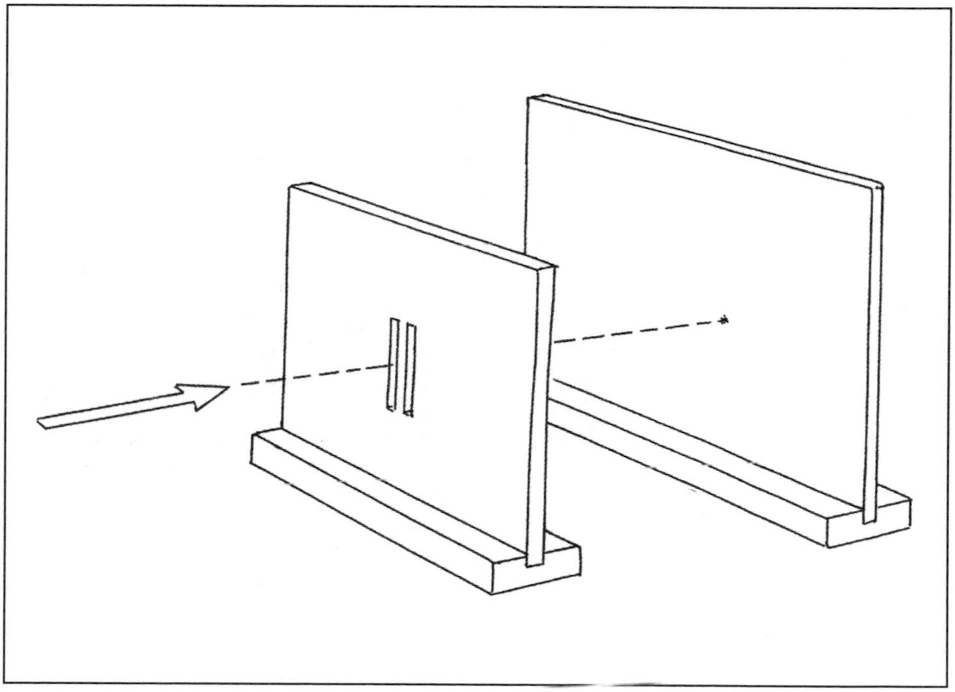

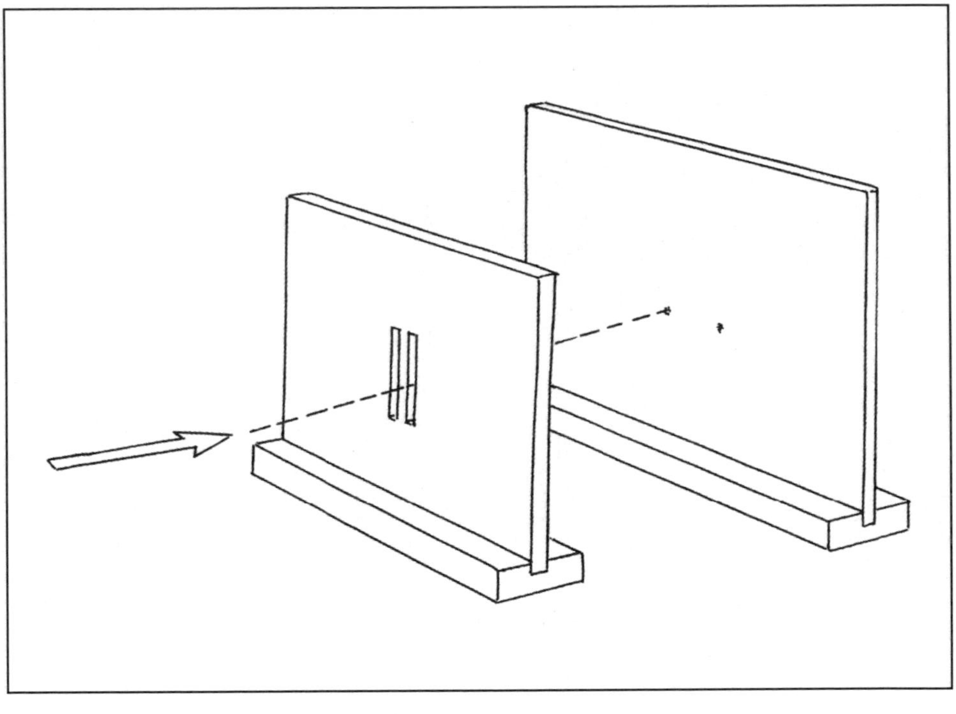

一顆光子撞上探測屏。

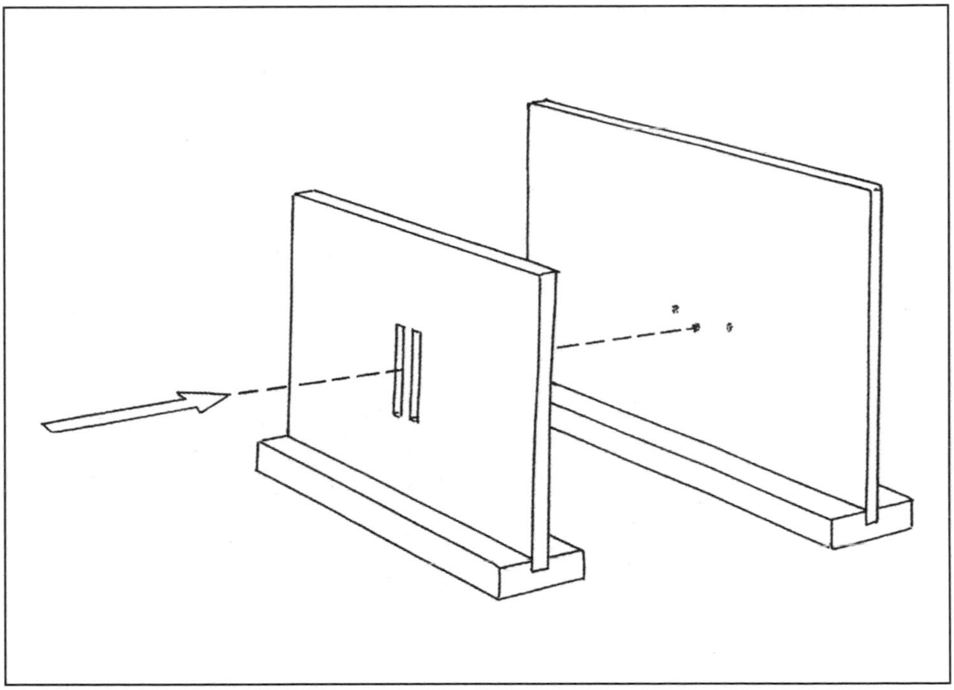

**第二顆光子撞上探測屏。**

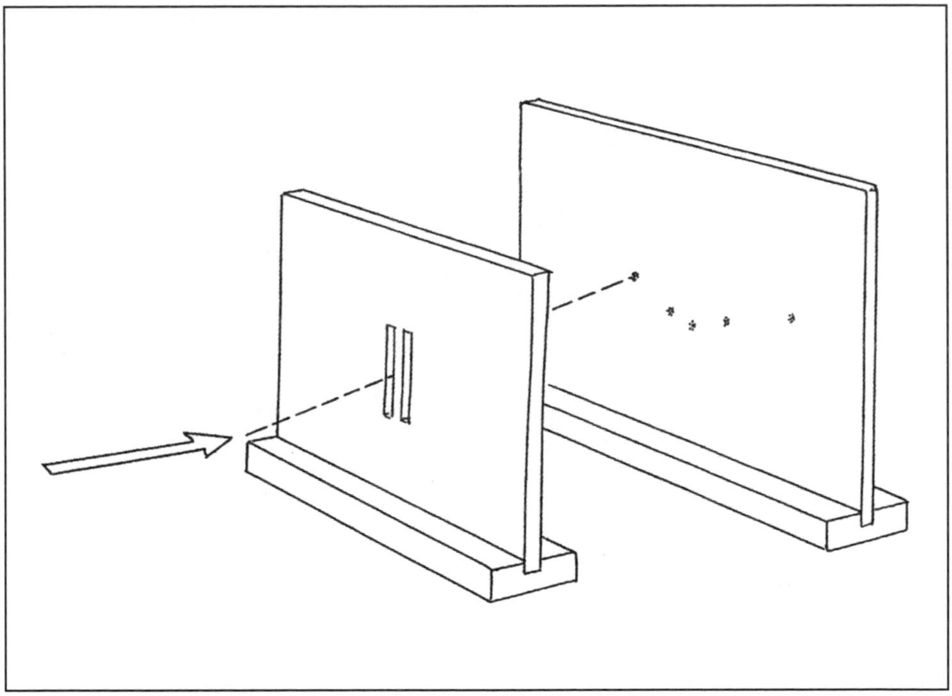

第三顆光子撞上探測屏。

基於某種未知的原因，這些個別的光子聚集成一幅干涉圖樣！

這個問題至今尚未出現令人滿意的答案，但是瘋狂的聯想不斷湧現。或許在「某一個」平行宇宙裡，有另一個實驗者用光子或電子做一模一樣的實驗？是不是他們的電子干擾了我們的電子？這種說法太牽強，相信的人不多。

## 只有在被觀察的時候，才會以實體的狀態存在

常見的解釋是當光子或電子抵達雙狹縫障礙物時，會面臨兩個選擇。它們只有在被觀察的時候才會以實體的狀態存在，而實驗時它們只有在撞上最後一道探測屏才會被觀察到。所以抵達雙狹縫障礙物的時候，在機率上它們可以**同時選擇**兩個細縫。雖然**實際上**光子或電子是不可分割的，無論在任何情況下都不會自行分裂，但如果以**機率波**的狀態存在又是另一回事。因此「通過細縫」的不是實體，而是**機率**。**干擾光子的是光子本身的機率波！**數量夠多的光子或電子通過細縫後形成的干涉圖樣，是機率聚集成實體後撞上屏幕的觀察結果：波的型態。

這當然很奇怪，卻是個明顯的事實。然而這只是量子怪誕性的開端而已。上一章已提過，量子論有一個原理叫做互補原理，意思是我們觀察的物體可以是兩種型態、位置或特性中的其中一種，但絕對不可能兩種並存。至於是哪一種，取決於觀察者的目的與測量設備。

## 預測出光子的路線，竟立刻失去波的特性

假設我們想知道特定的電子或光子在抵達終點前通過哪一道細縫，這個問題很合理，也很容易找出答案。我們可以利用偏振光（polarized light，水平或垂直振動的光波，或是緩慢旋轉方向的光波），但這種混合光波會得到跟以前相同的結果。如何判定每一顆光子通過哪一道細縫？曾有許多實驗試圖解答這個問題，我們選擇的這個實驗在兩道細縫前各放一塊「四分波片」（quarter wave plate），四分波片會用某種方式改變光的偏振，而探測器能讓我們知道光子的偏振。因此，只要探測光子的偏振，就能知道它通過哪一道細縫。

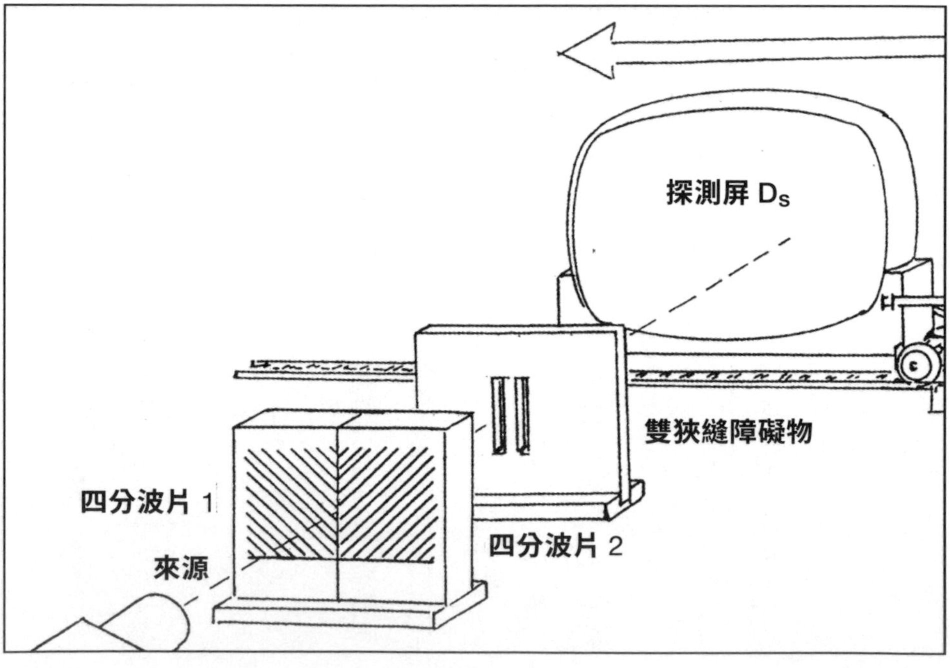

接下來重複實驗步驟，一次發射一顆光子通過細縫，差別是這次我們知道每一顆光子通過了哪一道細縫。這次的實驗**結果**截然不同。雖然四分波片只是改變了光子的偏振（稍後我們將證明這不同的實驗結果並非四分波片所造成），但是這次出現的不再是干涉圖樣。曲線圖突然變成以下的樣子，也就是光子被視為粒子的情況：

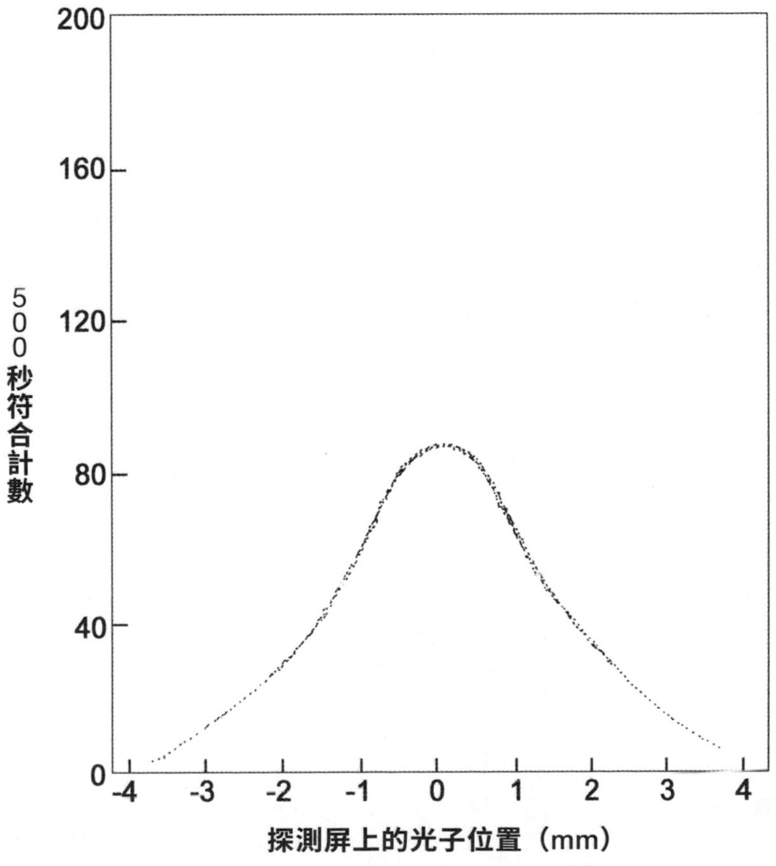

一定發生了什麼事。只是因為測量每顆光子的路徑，就讓光子失去了保持模糊未明狀態的自由，也無法在抵達障礙物之前同時選擇兩條路徑。它的「波函數」必定在碰到四分波片時發生塌縮，因為它立刻「選擇」變成粒子，通過其中一道細縫。當它失去模糊、隨機、不太真實的狀態時，也立刻失去波的特性。為什麼光子必須選擇讓波函數塌縮呢？它怎麼**知道**身為觀察者的我們想了解它通過哪道細縫？

## 四分波片不會讓波變成光子

一世紀以來，許多聰明的科學家為了找出答案嘗試了無數次，卻都以失敗收場。光是我們**知道**光子或電子路徑這件事，就會讓它變成不同於上次實驗的明確實體。當然物理學家也曾懷疑，這種古怪的行為是不是因為四分波片探測器或其他儀器的擺設方式與光子之間產生了某種交互作用。答案是，並非如此。實驗者試過不同的路徑探測器，全都不會干涉光子，但是干涉圖樣依然不會出現。多年之後，他們終於不得不接受這個事實：**路徑選擇資訊以及能量波形成的干涉圖樣是無法解釋的。**

讓我們回到量子論的互補原理：你可以測量並取得兩種特性中的其中之一，這兩者絕對不會並存。如果你充分了解其中一種，對另一種將一無所知。如果你懷疑是四分波片的影響，請容我們提出解釋：無論在何種情況下使用四分波片，包括末端沒有架設偏振探測器蒐集資訊的雙狹縫實驗，改變光子的偏振絕對不會對干涉圖樣的形成產生任何影響。

## 用糾纏粒子做雙狹縫實驗

那麼，讓我們試試其他方法。上一章提過，自然界存在著天生就在一起的糾纏粒子或光子（或物質），根據量子論，它們擁有相同的波函數。就算它們分開了，即使相距一整個銀河，彼此依然能保持聯繫，意即對彼此瞭若指掌。如果其中一個因為受到干涉而失去了「無限可能」的特性，並且決定立刻以垂直偏振的型態具體化，它的孿生子也會立刻具體化，只不過是以水平偏振的型態。如果其中一個變成上旋的電子，它的孿生子就會變成下旋的電子。兩者永遠維持著互補的關係。

接下來我們要用的設備會把兩顆糾纏的粒子朝不同的方向射出去。實驗者用一種叫做偏硼酸鋇（beta-barium borate，簡稱ＢＢＯ）的晶體製造糾纏光子。用雷射照射晶體，帶有能量的紫光子（violet photon）會在晶體內變成兩個紅光子（red photons），紅光子的能量是紫光子的一半（兩倍波長），所以能量沒有增加也沒有減少。兩顆離開晶體的糾纏光子朝不同的方向射出去，路徑方向分別為Ｐ跟Ｓ（見下頁圖）。

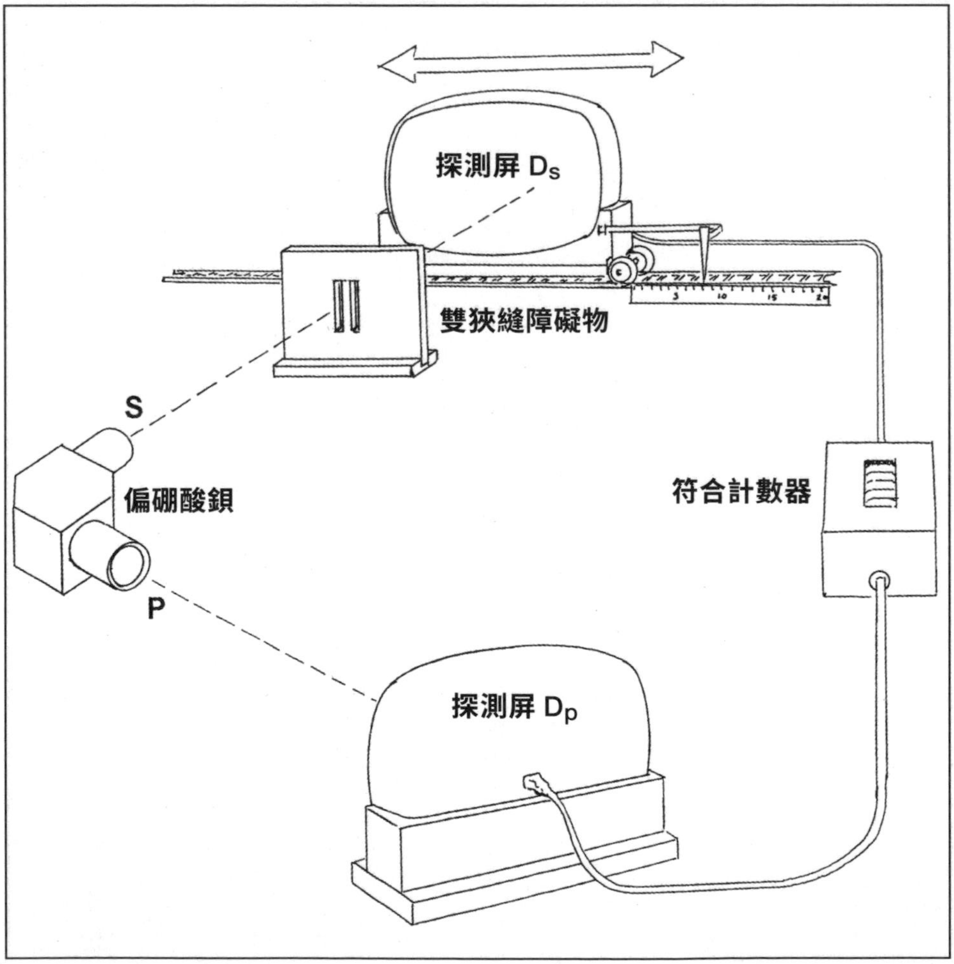
探測屏 $D_s$
雙狹縫障礙物
S
偏硼酸鋇
P
符合計數器
探測屏 $D_p$

原始實驗不測量路徑資訊，但這次我們增加了「符合計數器」（coincidence counter）。符合計數器的功能是讓我們只有在光子也撞上探測屏 Dp 的情況下，才能探測撞上探測屏 Ds 的光子偏振。一顆孿生光子通過細縫（姑且稱之為 s），另一顆光子將以高速衝向第二面探測屏。只有當兩面探測屏同時記錄到光子，我們才會知道兩顆光子都已抵達目的地。唯有在這樣的情況下，實驗設備才會記錄結果。結果探測屏 Ds 的圖形是我們熟悉的干涉圖樣，如

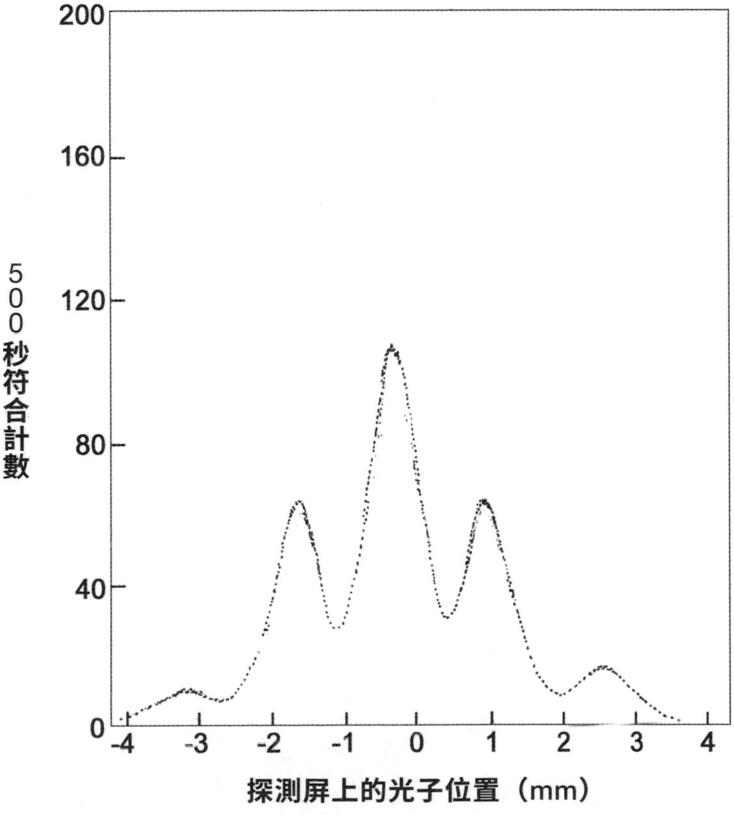

這個結果相當合理。我們不知道特定的光子或電子通過哪一道細縫，所以物體依然是機率波。

**外在物體的具體行為，取決於觀察者**

現在我們要增加實驗的複雜程度。首先是再度使用四分波片，目的是了解哪些光子選擇了路徑S。

一如預期，干涉圖樣消失了，取而代之的是粒子的單曲線圖形（如左頁圖）。

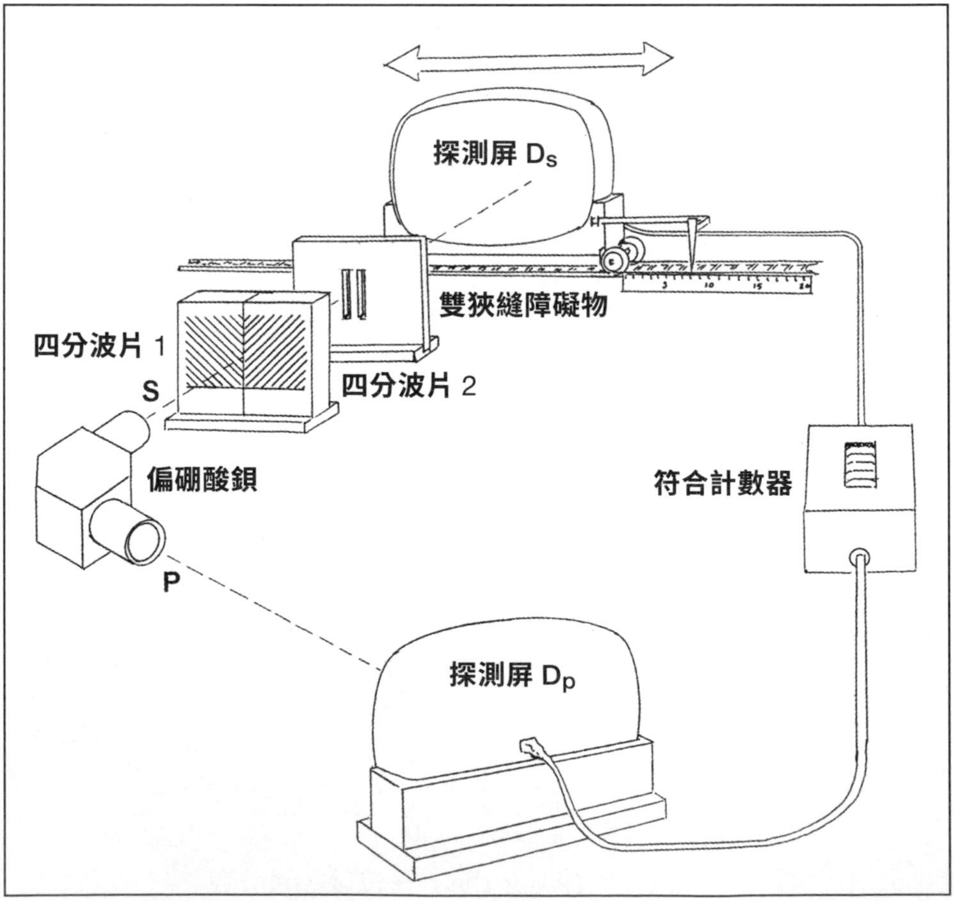

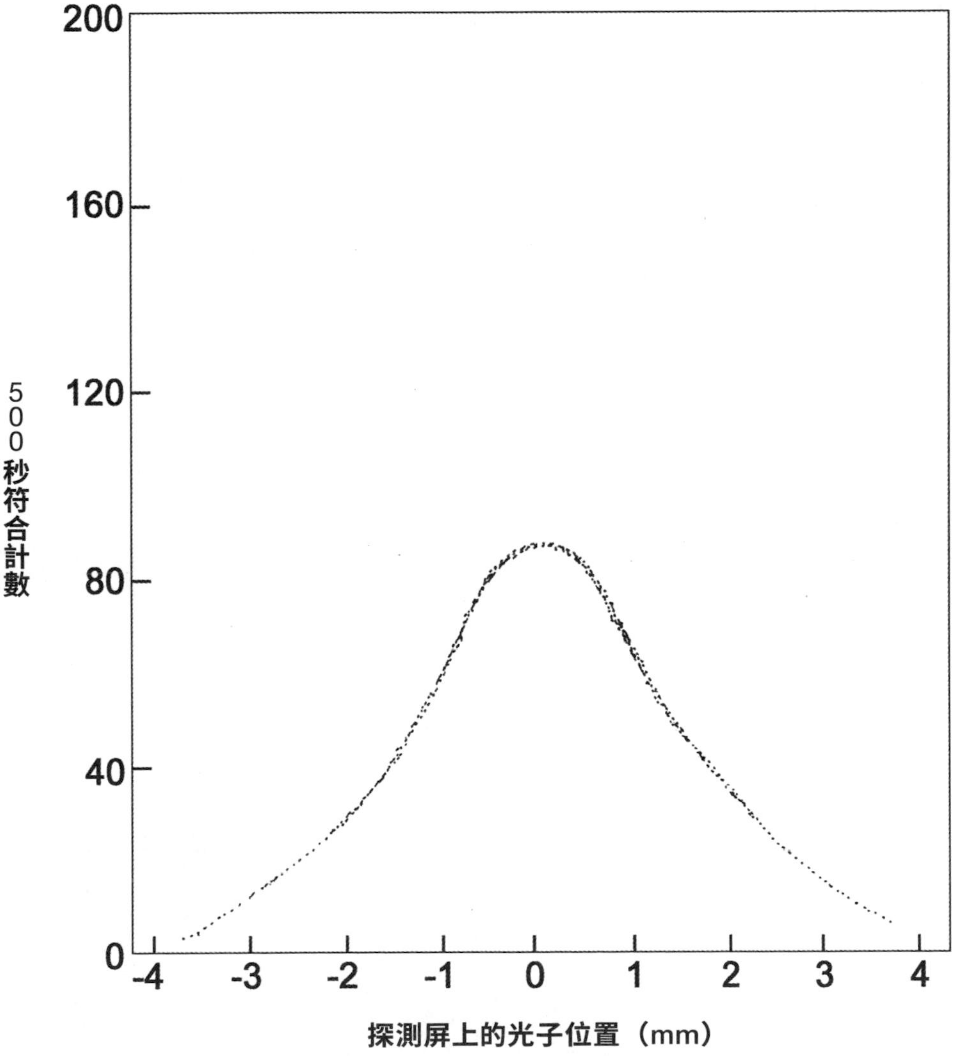
200
160
120
80
40
0
500秒符合計數
-4
-3
-2
-1
0
1
2
3
4
探測屏上的光子位置（mm）

下圖。

截至目前為止，一切正常。接下來讓我們停止測量s光子的路徑，**而且完全不去干涉它們**。我們在遠方p光子的路徑上放置一個起偏器，作用是阻止另一臺探測器記錄符合計數。它只會測量部分光子，並且打亂兩個光子的訊號。符合計數器是提供兩顆光子路徑訊息的關鍵儀器，但是現在它已不再完全可靠。我們無法透過符合計數器得知路徑S的光子選擇了哪一道細縫，原因是我們無法比較它們與孿生子之間的差異，因為符合計數器不會讓全部的數據都記錄下來。請注意：我們保留s光子的四分波片，只是干涉p光子的路徑，方法是讓我們自己無法透過符合計數器取得路徑訊息。（這種配置只有在探測器S測量到偏振，**而且**符合計數器顯示探測器P也同

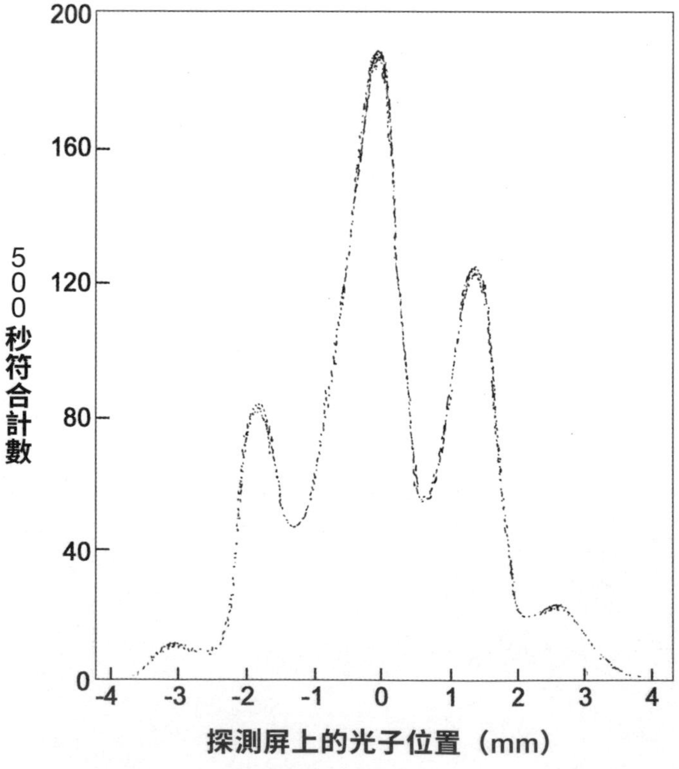

步記錄到相符或不相符的偏振時，才會記錄「命中次數」。）實驗結果如下圖。

它們再度變成波。干涉圖樣又回來了。選擇s路徑的光子或電子撞上探測屏的位置，變得不一樣。但是**我們**完全沒有對這些光子的**路徑**做任何事，從它們在晶體內的生成，一直到最後抵達探測器；我們甚至還保留了四分波片。我們只做了一件事，那就是干擾遠方的孿生光子，讓我們自己無法取得路徑選擇資訊。**唯一的改變存在我們的心智當中。**選擇S路徑的光子怎麼可能知道我們在遠離S路徑的地方多放了一臺起偏器？量子論告訴我們，就算這種阻撓資訊的手段發生在宇宙的另一端，我們還是會得到相同的實驗結果。

（此外，這也證明了四分波片不會讓波變成光子，也不會改變光子在探測屏上的撞擊位置。這次雖然放了四分波片，卻依然出現干涉圖樣。光子或電子似乎只會受到我們的想法影響——光靠我們的想法就能影響它們的行為。）

好吧，這實在很古怪，但是每次實驗都會得到相同結果，毫無例外。這些結果告訴我們：「外在」物體的具體行為取決於觀察者。

這種情況還能**變得**更奇怪嗎？等一下，我們將試試更激烈的做法，這是一個在二〇〇二年才初次進行的實驗。到目前為止，我們干擾了P路徑然後再測量孿生子s。或許p光子與S光子之間會進行某種溝通，讓s光子知道我們即將取得怎樣的資訊，因此允許它變成粒子或波，進而形成或不形成干涉圖樣。或許當p光子碰到起偏器的時候，會以無限快的速度傳送一個立即訊息（IM）給s光子，所以s光子知道自己必須立即變成有形的實體，也就是粒子，因為粒子才能只通過其中一道細縫，而不是兩道都通過。這樣的結果就是：沒有出現干涉圖樣。

為了驗證是否屬實，我們要再做一次實驗。首先，我們增加p光子撞上探測屏之前的行進距離，讓它們花更久的時間抵達終點，如此一來，走S路徑的光子就會比較早抵達探測屏。但奇怪的是，實驗結果還是一樣！我們在S路徑上放置四分波片，就不會出現干涉圖樣；當我們在P路徑上放置起偏器，因而無法進行符合計數、判斷s光子的路徑選擇時，干涉圖樣又再度出現。這是怎麼回事？選擇S路徑的光子早已結束這趟旅程，它們必定已經通過其中一道細縫或兩道細縫。如果不是波函數已「塌縮」，變成一顆粒子，就是維持波的狀態。遊戲結束，行動終止。它們已抵達最後的屏幕，而且是在孿生子p碰到起偏器**之前**就已經被偵測到，讓我們無法取得路徑選擇資訊。

光子似乎能夠**預先**知道我們能否取得路徑選擇資訊。遠方的孿生子還沒碰到起偏器，就已經決定不要塌縮成粒子。（如果拿走起偏器P，s光子會突然變回粒子，而且也是在p光子抵達偵測器並啟動符合計數器之前。）不知道為什麼，s光子知道路徑選擇的標記是否會被消除，儘管s光子與它的孿生子都還沒碰到任何消除裝置。它知道自己的干涉行為何時可以存在，也知道何時可以安全地保持模糊的幽靈狀態，因為它顯然知道在遠方的p光子**最終**會碰到起偏器，而且這會讓我們無法得到p光子的路徑資訊。

無論我們如何設計實驗都一樣，**我們的心智與它所知道或不知道的事情**，是決定光子或粒子行為的**唯一**因素。

這也讓我們不得不思考空間與時間的問題。這兩顆孿生子有可能在資訊尚未出現之前就採取行動，並且瞬間跨越距離，彷彿它們緊緊黏在一起嗎？

## 觀察者決定效應

一次又一次，觀察結果都證實了量子論的「觀察者決定效應」（observer-dependent effects）❶。十年來國家標準技術研究所的物理學家一直在進行一個實驗，可說是量子版的「盯著水壺看，水就燒不開」實驗。研究員彼得·康維尼（Peter Coveney）說：「似乎只要盯著原子看，它就不會改變。」（理論上，如果一顆核彈受到專心注視，它就不會爆炸，前提是你可以每分每秒都緊盯著它的原子。這又是一個支持量子論的實驗，現實世界的結構會受到人類觀察的影響，尤其是物質和能量的微觀世界。）

近二十多年來，量子理論家已大致證實了只要持續觀察原子，它就無法改變自己的能態（energy state）❷。為了驗證這個概念，國家標準技術研究所做雷射實驗的團隊準備了一批帶正電的鈹離子（水），並且用一個磁場（水壺）固定鈹離子的位置。他們用射頻場（radio-frequency

❶觀察者對於系統的測量都會不可避免地影響到被測量的系統。

❷能量的狀態。

❸又稱無線電波（radio wave）。交流電經過振盪器變成高頻率交流電，產生電磁場後再經由電磁場產生無線電波。

field）❸的形式**加熱**水壺，提高原子的能態。一般而言，加熱過程需要大約四分之一秒。然而，研究人員每隔四毫秒就用雷射發射短暫的光脈衝確認原子的能態，他們發現原子的能態一直沒有升高，提高原子能態的力量似乎無用。測量的過程似乎「輕輕推了」原子一下，把它們推回較低的能態；事實上，是把整個系統重新歸零。這種行為在傳統的日常意識世界裡，沒有可以類比的情況，而且顯然是觀察發揮了作用。

神祕？古怪？很難相信這樣的效應真實存在，這真是難以置信的實驗結果。在剛剛發現量子物理的二十世紀初，甚至有物理學家認為這些實驗結果不可能是真的或可能性極低。愛因斯坦對這些實驗的反應非常有趣：「我知道這件事毫無矛盾之處，但是我認為它存在著某種不合理。」

## 當你沒有在看月亮時，月亮是否存在？

量子物理的誕生與客觀性的沒落，讓科學家重新思考把世界視為一種心智型態的可能性。愛因斯坦有一次從普林斯頓高等研究院散步返回位在莫瑟街（Mercer Street）的住處時，描述了他對客觀外在現實的著迷與懷疑。當時他問亞伯拉罕・派斯（Abraham Pais）是否相信只有在他看著月亮時，月亮才會存在。從那時候開始，無論物理學家如何分析與修改方程式，都無法證明自然定律絕對不可能取決於觀察者的情況。的確，二十世紀最偉大的物理學家尤金・維格納（Eugene Wigner）曾說：「如果不參考（觀察者的）意識，就不可能以完整而連貫的方式描述（物理）定律。」因此當量子論暗示意識必然存在時，也等於默認了心智的內容是最終的實相，而且只有觀察的行為才能賦予真實的形狀與型態：包括草地上的蒲公英、大上的太陽、風和雨。

因此，生命宇宙論的第四法則是：

生命宇宙論第一法則：我們感知到的真實是一個與意識有關的過程。

生命宇宙論第二法則：外在感知與內在感知密不可分。兩者猶如硬幣的兩面，無法分割。

生命宇宙論第三法則：次原子粒子的行為（意即所有的粒子與物體）和觀察者息息相關。少了有意識的觀察者，它們充其量只是處於一種尚未確定的機率波狀態。

**生命宇宙論第四法則：少了意識的存在，「物質」處於尚未確定的機率狀態。意識存在前的任何宇宙只可能處於一種機率狀態。**

第九章

# 金髮姑娘宇宙

## ——宇宙是為人類量身訂做的

有生命的地方，就會有（世界）出現在其周圍。

——拉爾夫・瓦爾多・愛默生

## 宇宙是專為人類量身訂做的智慧型設計

這個世界似乎是為了生物而量身打造，而且不只是在原子的微觀世界，放大到宇宙本身亦是如此。科學家已發現宇宙的許多特性（從原子到恆星）似乎都是為了生物量身打造。許多人稱這項發現為「金髮姑娘原則」（Goldilocks Principle），因為宇宙不會「過度這樣」或「過度那樣」，而是「剛剛好」適合生命的存在。也有人稱之為「智慧設計」原則（Intelligent Design），因為他們相信宇宙如此適合我們絕非意外。不過，「智慧設計」的概念猶如潘朵拉的盒子❶，會開啟各種與《聖經》有關的爭論，以及其他與本書無關，甚至更麻煩的議題。無論用哪一個名字，這項發現在天文物理學界和其他領域都引發了軒然大波。

### 科學能否解釋宇宙為什麼剛好適合生命存在？

事實上，美國目前正因為這些觀察結果陷入激烈論戰。多數人或許最近都看過相關討論，也就是公立學校的生物課除了演化論之外，是否應該教導學生另一種有可能的生命起源就是智慧設計。支持者宣稱達爾文的演化論只是一種理論，無法完整解釋生命的起源，再說解釋生命的起源本來就不是演化論的目的。他們相信宇宙本身是一種智慧力（intelligent force）的產物，大部分的人說這種智慧力就是上帝。反對派包括絕大多數的科學家，他們認為天擇說或許有瑕疵，但無論如何都是一個科學事實。他們與其他批評者譴責智慧設計擺明了是把《聖經》的創造論重新包裝，因此違反了政教分離的基本原則。

如果討論的焦點可以從「演化能否取代宗教」的互相競爭，變成更有建設性的「科學能否解釋宇宙為什麼剛好適合生命存在」，那就太好了。宇宙不多不少、剛剛好適合孕育生命，這是無可避免的科學觀察結果，但不是問題的答案。

目前這個謎團只有三種解釋，其中一種是「上帝是造物主」，就算這是事實，這句話也沒有提供任何答案。第二種解釋訴諸人本原理（Anthropic Principle，見第131頁）的理性判斷，其中有幾個版本強烈支持生命宇宙論，稍後將深入探究（見第131頁）。第三種就是生命宇宙論，不需要其他解釋。

無論你接受哪一種原則，都必須承認我們所居住的宇宙非常獨特。

## 宇宙常數似乎是為了生命與意識精心挑選的

一九六〇年代末就已發現，大霹靂的威力只要再增強百萬分之一，宇宙就會擴張得太快，無法形成恆星與宇宙，人類也不可能出現。更巧合的是，宇宙的四種基本作用力和它們的常數都剛好配合原子的相互作用、原子與元素的存在、行星、液態水與生命。只要稍加改變，人類就不會存在。此類常數（與它們的現代數值）包括：

---

❶ Pandora's box，源自希臘神話。宙斯將一個神祕盒子交給潘朵拉，並囑咐她絕對不能打開，潘朵拉出於好奇打開了盒子，讓盒子裡的疾病、災禍等不幸飛入人間，從此世界開始動盪不安。

以下數值源自國家標準技術研究所（NIST）所建議的 CODATA 1998 物理常數數值。

小數點之後的最後兩個數字放在括號內意指尚未確定，不包括尚未確定的常數則為精確數值。

例如：

| | |
|---|---|
| $m_u$ | $= 1.66053873(13) \times 10^{-27}$ kg |
| $m_u$ | $= 1.66053873 \times 10^{-27}$ kg |
| Uncertainty in $m_u$ | $= 0.00000013 \times 10^{-27}$ kg |

| 名稱 | 符號 | 數值 |
|---|---|---|
| 原子質量單位 | $m_u$ | $1.66053873(13) \times 10^{-27}$ kg |
| 亞佛加厥數 | $N_A$ | $6.02214199(47) \times 10^{23}$ $mol^{-1}$ |
| 波耳磁元 | $\mu_B$ | $9.27400899(37) \times 10^{-24}$ J $T^{-1}$ |
| 波耳半徑 | $a_0$ | $0.5291772083(19) \times 10^{-10}$ m |
| 波茲曼常數 | k | $1.3806503(24) \times 10^{-23}$ J $K^{-1}$ |
| 康普頓波長 | $\lambda_c$ | $2.426310215(18) \times 10^{-12}$ m |
| 氘核質量 | $m_d$ | $3.34358309(26) \times 10^{-27}$ kg |
| 電常數 | $\epsilon_0$ | $8.854187817 \times 10^{-12}$ F $m^{-1}$ |
| 電子質量 | $m_e$ | $9.10938188(72) \times 10^{-31}$ kg |
| 電子伏特 | eV | $1.602176462(63) \times 10^{-19}$ J |
| 基本電荷 | e | $1.602176462(63) \times 10^{-19}$ C |
| 法拉第常數 | F | $9.64853415(39) \times 10^{4}$ C $mol^{-1}$ |

| 名稱 | 符號 | 數值 |
|---|---|---|
| 精細結構常數 | $\alpha$ | $7.297352533(27) \times 10^{-3}$ |
| 哈崔能量 | $E_h$ | $4.35974381(34) \times 10^{-18}$ J |
| 氫基態 | $\langle r \rangle = \frac{3a_0}{2}$ | 13.6057 eV |
| 約瑟夫森常數 | $K_j$ | $4.83597898(19) \times 10^{14}$ Hz $V^{-1}$ |
| 磁常數 | $\mu_o$ | $4\pi \times 10^{-7}$ |
| 莫耳氣體常數 | R | $8.314472(15)$ J $K^{-1}$ $mol^{-1}$ |
| 狄拉克常數 | $\hbar$ | $1.054571596(82) \times 10^{-34}$ J s |
| 牛頓引力常數 | G | $6.673(10) \times 10^{-11}$ $m^3$ $kg^{-1}$ $s^{-2}$ |
| 中子質量 | $m_n$ | $1.67492716(13) \times 10^{-27}$ kg |
| 核磁元 | $\mu_n$ | $5.05078317(20) \times 10^{-27}$ J $T^{-1}$ |
| 浦朗克常數 | h | $6.62606876(52) \times 10^{-34}$ J s<br>$h = 2\pi\hbar$ |
| 浦朗克長度 | $l_p$ | $1.6160(12) \times 10^{-35}$ m |
| 浦朗克質量 | $m_p$ | $2.1767(16) \times 10^{-8}$ kg |
| 浦朗克時間 | $t_p$ | $5.3906(40) \times 10^{-44}$ s |
| 質子質量 | $m_P$ | $1.67262158(13) \times 10^{-27}$ kg |
| 芮得柏常數 | $R_H$ | $10\ 9.73731568549(83) \times 10^5$ $m^{-1}$ |
| 斯特凡波茲曼常數 | $\sigma$ | $5.670400(40) \times 10^{-8}$ W $m^{-2}$ $K^{-4}$ |
| 真空光速 | c | $2.99792458 \times 10^8$ m $s^{-1}$ |
| 湯木生截面 | $\sigma_e$ | $0.665245854(15) \times 10^{-28}$ $m^2$ |
| 維恩位移定律常數 | b | $2.8977686(51) \times 10^{-3}$ m K |

如此適合生命的物理常數交織成我們的宇宙，就像紙鈔的原料棉花跟亞麻一樣。重力常數應該是最有名的常數，而精細結構常數（fine structure constant）❷對生命來說一樣重要。精細結構常數叫「α」（alpha，阿爾發），這個常數只要比現在多出〇．一倍，恆星就不會出現核融合。精細結構常數之所以受到仔細檢視，是因為大霹靂幾乎只製造出氫與氦。生命需要氧和碳（水也需要氧），但是這個需求本身並非什麼大問題，因為恆星核心的核融合會產生水這種最終產物。碳則是另外一回事。我們身體裡的碳到底是從哪裡來的呢？這個問題在半個世紀前找到了答案，碳來自生產比氫與氦更重的元素工廠：太陽核心。當較重的恆星爆炸成為超新星（supernova）❸時，碳被釋放到周遭環境裡並聚集起來，跟星際氫（interstellar hydrogen）形成的星雲一起進入組成下一代恆星與行星的物質中。當這種情況發生在剛成形的恆星裡，會增加恆星所含的重元素（也就是金屬）比例，也會讓恆星最終的爆炸威力更加強大。這是一個不斷重複的過程。在我們自己的宇宙裡，我們的太陽是一顆第三代恆星，而它周圍的行星（包括形成地球生物的所有物質），原料都取自這個充滿各種元素與複雜物質的第三代倉庫。

## 強作用力

尤其是碳，碳的存在是核融合過程中一個奇特的轉變，太陽與恆星就是因為這種作用而發出光芒。最常見的核反應是兩顆以極高速移動的原子核或質子相撞，熔合成一種比較重的元素，通常是氦，但是隨著恆星老化也可能熔合成比氦更重的元素。這個過程應該無法製造碳，因為從氦變成碳的過程牽涉到高度不穩定的原子核。製造碳的唯一方法就是**三顆**氦原子核同時相撞。但是三顆氦原子核在同一微秒相撞的可能性，就算是在恆星冰凍的內部，也是微乎其微。後來弗雷德．霍伊爾（Fred Hoyle）才正確地發現恆星內部必定存在著不尋常的神奇力量，能夠大幅增加三顆氦原子核相撞的機率，為我們的宇宙提供豐富的碳，也就是所有生物體內的必備元素。（這位霍伊爾不是那個知名的紙牌遊戲規則作者，而是永恆宇宙的穩定態理論大家。遺憾的是，這個偉大的理論在一九六〇年代沒落。）關鍵在於某一種「共振」，能讓不相干的作用共同組成出乎意料的結果，就像六十幾年前塔科馬海峽吊橋與風產生共振，導致吊橋劇烈搖晃而倒塌。找到答案了：碳能在適當的能量之下處於共振態，讓恆星製造出大量的碳。碳共振（carbon resonance）直接取決於強作用力（strong force）的大小；強作用力就是讓原子核內部的一切與時空最遠處緊緊相連的力。

強作用力依然有些神祕，對我們所知的宇宙卻至關重要。它的影響僅限於原子內部。強作用力在大顆原子的邊緣已迅速變得微弱，所以像鈾之類的巨大原子才會如此不穩定。質子與中子位在原子核的邊緣，強作用力對它們的作用所剩無多，因此偶爾會有質子或中子掙脫強作用力的掌握，讓原子改頭換貌。

---

❷ 物理學中一個重要的無因次量，常用希臘字母α表示。

❸ 恆星演化接近末期時的劇烈爆炸，極為明亮，可持續幾週至數月才逐漸衰減。

## 電磁力

如果強作用力與重力可以神奇地被改變，我們就不應忽視支配所有原子內部電磁連結的電磁力。偉大的理論物理學家理察．費曼在《QED：光和物質的奇異性》(*The Strange Theory of Light and Matter*, Princeton University Press, 1985) 中討論電磁力時提到：「電磁力發現至今已有五十多年，卻依然是一個謎。每一個優秀的理論物理學家都把這個數字寫在牆上，為它傷透腦筋。你很想知道這個耦合常數到底是從哪裡來的：它跟π有關嗎？還是自然對數的底數？沒有人知道。這是物理學上最大的謎團之一：一個神奇的數字出現在我們面前，人類卻對它一無所知。你可能會說，是『上帝之手』寫下這個常數，但是『我們不知道祂如何滑動手裡的鉛筆』。我們知道如何透過實驗精準測量這個常數，卻不知道如何用電腦解開這個常數，只能把它偷偷代入！」

導入所有數值後，算出的電磁耦合常數約為一三七分之一，電磁作用是四種基本作用力的其中一種，是原子與整個可見宇宙存在的原因。電磁作用的數值只要有一點點改變，人類就不可能存在。

這些找不到答案的事實對現代宇宙論思維有深刻的影響，畢竟，宇宙論不就是用來說明我們為何會住在一個如此不可思議的實相世界裡？

## 人類根本不需要宇宙論？

### 人本原理的「弱版本」

「並非如此。」普林斯頓大學的物理學家羅伯・戴克（Robert Dicke）在一九六〇年代的論文中如此寫道。一九七四年，布蘭登・卡特（Brandon Carter）進一步闡述這個觀點，也就是所謂的人本原理。卡特說我們的觀察結果「必定會受到條件限制，而這些條件是我們身為觀察者的必要條件」。換句話說，如果重力稍微增強一點點或大霹靂稍微減弱一點點，宇宙的壽命就會大幅縮短，**我們**也不可能在這裡思考宇宙的問題了。正因為我們確實存在，所以宇宙**必須**是它現在的狀態，也就「沒有完全不可能」這件事了。討論結束。

依照這個邏輯，我們根本不需要宇宙論。看似偶然出現、精準到令人懷疑的地理環境、溫度範圍、化學與物理特性，都是製造生命的必備條件。既然我們存在於此，一定能在周遭發現這些現象。

這種主張被稱為人本原理的「弱版本」（Weak Anthropic Principle），簡稱WAP。

### 人本原理的「強版本」與「參與式版本」

「強版本」遊走在哲學邊緣，甚至更明確而清楚地支持生命宇宙論：宇宙**必定**具有允許生命發展的特性，因為它的「設計」目的顯然就是製造和供養觀察者。但是少了生命宇宙論，「強版本」就缺乏說明宇宙為何必須維持生命的立論基礎。

另一方面，已故物理學家、「黑洞」一詞的首創者惠勒提倡所謂的參與式人本原理（Participatory Anthropic Principle，簡稱PAP）：宇宙存在的先決條件是觀察者**必須**存在。惠勒的理論說，生命出現之前的地球可能處於某種無法確定的狀態，就像薛丁格的貓（Schrödinger's cat）。[4]只要觀察者存在，宇宙被觀察到的地方就會被迫處於一種固定狀態，這種狀態也包括生命出現之前的地球。也就是因為有意識，所以生命出現之前的宇宙只可能以**反溯**的方式存在。（因為時間是意識的幻象，我們稍後將會解釋這段「之前」跟「之後」的論述嚴格說來並不正確，只是提供一種容易想像的方式。）

如果宇宙在觀察者出現之前都處於不確定狀態，而且這種不確定狀態也包括各種基本常數，那麼它最後選擇的狀態一定會把觀察者納入考量，常數的決定也一定會適合生命。生命宇宙論支持並奠基於惠勒針對量子論提出的結論，且為人類的問題提供了答案，這個答案獨一無二，也比其他答案更加合理。

當然，人本原理的「強版本」與「參與式版本」強烈支持生命宇宙論，但是天文學界有很多人似乎支持最簡單的版本，至少是擺出一種捍衛的姿態。「我喜歡人本原理的弱版本，」加州大學的天文學家阿列克謝·菲利潘科（Alex Filippenko）如此回答本書的共同作者，「只要適當應用，它具備預測的作用。」不過，他接著說：「看似無聊的宇宙特性只要稍加改變，就能輕鬆創造出一個沒有人會感到無聊的新宇宙，因為人類根本不可能存在於這個新宇宙裡。」

但重點是宇宙沒有改變，也不可以改變。

為了忠實呈現各種觀點，也應該提到有些批評者懷疑人本原理的弱版本只是一種循環論證，或是用一種膚淺的方式去解釋實體宇宙的各種獨特性。哲學家約翰・萊斯里（John Leslie）在一九八九年的著作《宇宙》（*Universes*，本書於一九九六年再版）中說：「一百個步槍射擊手站在一個人前面朝他開槍，如果連一發子彈都沒射中，這個人一定會非常驚訝。他當然可以告訴自己，『他們當然射不到我，這完全合情合理，否則我不可能站在這裡思考他們為什麼射不到我。』但是任何一個心智正常的人都會想要知道，為什麼會發生如此不可思議的事。」

## 觀察者是宇宙存在的先決條件

生命宇宙論可以解釋為什麼每一發子彈都打不到他。如果創造宇宙的是生命，那麼無法允許生命存在的宇宙就不可能存在。這非常符合量子論與惠勒的**參與式宇宙**，在參與式宇宙裡，觀察者是宇宙存在的**先決條件**。因為如果真的曾經有過這樣的一段時間，也就是宇宙在觀察者出現之前處於尚未確定的機率狀態（有些機率，或者該說多數的機率，並不適合生命），一旦開始觀

❹「薛丁格的貓」是奧地利物理學家埃爾溫・薛丁格在一九三五年提出的想像實驗，原本是專門設計來批駁哥本哈根詮釋，現已成為是詮釋量子力學的典型試金石。

察，宇宙就會塌縮成現實狀態，而且它塌縮成的狀態必定適合令它塌縮的觀察行為。有了生命宇宙論，「金髮姑娘」之謎就會消失，生命與意識形塑宇宙的關鍵角色也愈趨明顯。

因此，這既驚人又不可思議的巧合圍繞著一個無庸置疑的事實，那就是宇宙可以擁有任何特性，卻碰巧擁有適合生命的特性：如果不是碰巧，那麼我們的宇宙完全可以用生命宇宙論來解釋。無論如何，把宇宙視為如撞球般隨機滾動，有機會產生各種數值的任何作用力，卻剛好擁有生命所需要的特定作用力，這種想法不可能到近乎愚蠢的地步。

## 科學無法解釋生命的起源

如果以上論述顯得太過荒謬，請想想另一種說法，也就是現代科學要我們相信的觀念：專為生命量身打造的這個宇宙是在絕對的虛無裡突然出現的。哪一個心智正常的人能夠接受這種說法？曾經有任何人提出任何可靠的建議，說明一百四十多億年前難以計數的大量物質到底是如何無中生有的？曾經有任何人解釋過沉默的碳、氫和氧原子到底是如何不小心結合在一起，創造出知覺（意識！），然後利用這種知覺愛上熱狗與藍調音樂？隨機的自然過程怎麼可能花幾十億年把這些原子混合在一起，製造出啄木鳥與喬治．克隆尼（George Clooney）？誰能想像宇宙的邊緣？想像永恆？想像粒子如何在空無之中突然出現？或是想像那許多必須無處不在才能讓弦和迴圈交織成宇宙的假設維度？或是解釋普通元素為什麼可以重組，進而不斷得到自我意識和對通心粉沙拉的厭惡？或是，之前也已提過，為什麼數十種作用力與常數都恰好適合生命存在？

科學只是**假裝**為宇宙提出基礎解釋，難道這件事還不夠明顯嗎？科學一再提醒我們它拆解短暫過程與物體結構的巨大成功，還會用原料製造出奇妙的新裝置，好讓我們看不見科學對宇宙本質的「解釋」荒謬得多麼明顯。如果科學沒有製造出高畫質電視和喬治・福爾曼電烤爐（George Foreman，世界重量級拳擊冠軍，後來成為電烤爐品牌的代言人），我們就不會如此長期關注和崇敬科學，直到看不出科學在最重要的問題上玩的假把戲。

除非你認為熟悉與重複比較重要，否則一個奠基於意識的宇宙跟其他理論比起來絲毫不牽強。

所以我們要加上另一個法則：

生命宇宙論第一法則：我們感知到的真實是一個與意識有關的過程。

生命宇宙論第二法則：外在感知與內在感知密不可分。兩者猶如硬幣的兩面，無法分割。

生命宇宙論第三法則：次原子粒子的行為（意即所有的粒子與物體）和觀察者息息相關。少了有意識的觀察者，它們充其量只是處於一種尚未確定的機率波狀態。

生命宇宙論第四法則：少了意識的存在，「物質」處於尚未確定的機率狀態。意識存在前的任何宇宙只可能處於一種機率狀態。

**生命宇宙論第五法則：宇宙結構唯有透過生命宇宙論才能解釋。宇宙專為生命量身打造，這一點合情合理，因為生命創造宇宙，而非宇宙創造生命。宇宙只是自我的全套時空邏輯。**

第十章

# 時間會膨脹

## ——時間是生命為心理迴路創造的一種實用工具

來自狂野古怪的地帶，高貴不凡，
超越了空間，超越了時間。
——愛倫坡（Edgar Allan Poe），《夢境》（*Dreamland*，1845）

## 時間真的存在嗎？

因為量子論愈來愈懷疑我們所認知的時間是否存在，我們要直搗這個古老得令人驚訝的科學問題。乍看之下似乎無關緊要，但是對任何一種檢視宇宙基礎本質的方式來說，時間存在與否都是一項重要因素。

根據生命宇宙論，我們之所以感覺到時間向前推進，是因為我們用一種缺乏反思的方式過日子，但是我們生活的世界裡有無窮無盡的活動與各種結果，它們**似乎**只會形成一條平順的連續路徑。

## 時間是一種概念，還是一種真實存在？

### 芝諾的飛矢悖論：時間是心智的產物

我們時時刻刻都處於「飛矢悖論」（The Arrow）的邊緣，這是兩千五百年前由古希臘哲學家芝諾（Zeno of Elea）提出的概念。芝諾飛矢悖論的前提是沒有任何東西能同時位於兩個地方，他說一支箭在飛行過程中的每一個瞬間都只能位於一個地方；可是，如果箭只能位於一個地方，就表示它隨時都處於靜止狀態。這支箭在飛行路徑上的每個時刻都有一個固定的位置。邏輯上，運動本身並未發生，而是一連串靜止狀態的集合。這或許是第一次有人提出時間向前推進（以箭的飛行為比喻）並非外在世界的特性，而是我們的心理投射；**因為我們會為觀察結果建立關聯**。因此，**時間並非絕對真實的存在，而是心智的產物**。

事實上，哲學家與物理學家早已不約而同質疑時間的真實性。前者認為過去僅是存在於心智中的想法，而這些想法是只發生於此時此刻的神經電活動。

哲學家認為未來也是類似的心理概念，是一種預期，是想法的集合物。既然思想本身只會發生在「此時此刻」，那麼時間在哪裡？除了方便人類進行日常生活或是用來描述動作與事件之外，時間真的是單獨存在的嗎？果真如此，用簡單的邏輯就足以質疑獨立於「外在此刻」的一切是否存在，包括人類心智最愛的思考與白日夢。

物理學家則認為所有被用於討論實相的觀念（從牛頓定律、愛因斯坦的場方程組到量子力學）根本不需要涉及時間。這些觀念都具有時間反演對稱性（time-symmetrical）❶。時間是需要賦予功能的一種概念，除非討論的是改變（例如加速運動），但是以希臘大寫字母Δ做為符號的改變並不等於時間，這點稍後將會說明。

## 時間：第四維度

一般說來，時間常被稱為「第四維度」。這經常讓人大感困惑，因為在日常生活中，時間跟

❶時間反演對稱描述的是在時間反演運算下，物理系統所保有的對稱性。

另外三個空間維度完全不相似。在此稍微幫大家複習一下基本幾何學，三個空間維度是：

**線**：一維空間。不過在弦論裡，一維的線有個例外：弦論的能量／粒子線極細微，它們是被拉長的點，不具有實際座標。如果拿它們的厚度與原子核相比，就像一顆質子與一座大城市的差別。

**面**：例如牆面上的影子，有長度跟寬度的二維空間。

**立體**：例如三維的球體或立方體。有人說**真正的**球體或立方體需要四個維度，因為它們會持續存在。持續存在加上或許會改變，意味著它們的存在包含空間座標之外的「其他東西」，我們稱之為時間。但時間是一種概念，還是一種實相？

## 熵是一種運動，與時間無關？

科學上，時間只有在一個領域**顯得**不可或缺，那就是熱力學（thermodynamics）❷；如果少了時間推移，熱力學第二定律就毫無意義。熱力學第二定律描述了**熵**（entropy，也就是結構從整齊變成混亂的過程，就像你的衣櫃底部一樣）少了時間，熵就無法發生或失去意義。

想像一個杯子裡裝著汽水跟冰塊，一開始有明確的結構。冰塊、氣泡跟液體相互獨立，冰塊跟液體的溫度也不一樣。但過一陣子再回來時，冰塊已經融化，氣泡也消失了，杯子的內容物融合成毫無結構的統一狀態。除了蒸發，這杯東西不會繼續改變。

這種漸漸打破結構的變化和趨向一致、隨機與惰性的活動就是熵。熵遍及宇宙各處。幾乎所有的物理學家都說，熵終將占據全宇宙。像太陽一樣的個別熱點把熱與次原子粒子釋放到冰冷的周遭環境裡，它們此刻的整齊結構正在慢慢崩解，而這種趨向混亂的熵是一種規模最大的單向過程。

傳統科學如果少了時間的方向性，熵就毫無意義。因為熵是一種不可逆轉的機制。事實上，熵**定義了**時間箭頭。少了熵，時間就沒有存在的必要。

然而，許多物理學家質疑這種與熵有關的「傳統智慧」。與其說失去結構且變得混亂代表時間擁有具體的方向性，不如把它視為一種隨機作用的呈現。物體會運動，分子也會運動，它們都在此時此地運動。這種運動是隨機的，觀察者很快就會發現上一個組織已經消失。為什麼這些運動需要時間箭頭？我們難道不該把隨機的熵視為「非必要性」(nonessentiality) 或「時間真實性」的例子，而不是反過來？假設有個房間裡充滿氧氣，隔壁的房間充滿純氮氣。我們打開兩個房間中間的門，一個星期後再回來時，兩個房間都會充滿氧氣與氮氣的混合物。我們該如何解釋這個情況？從「熵」的觀點來說，「經過一段時間後」原本整齊的組織會衰減，只剩下隨機化的結果。這是不可逆的過程，呈現出時間的單向性；另一種觀點卻認為，分子只是做了運動，運動並非時間。兩種氣體混合在一起只是自然的結果，簡單明瞭，剩下的只不過是人類穿鑿附會出來的

❷熱力學是一門描述熱和物體中各部分之間作用力的關係，以及描述熱和電器之間關係的學科。

秩序。

從這個觀點看來，熵或混亂失去的只不過是人類心智中所感知的模式與秩序，科學需要時間做為真實存在的最後需求就此消失。

時間是否真實存在，這當然是一個古老的爭論。真正的答案可能複雜到讓人想破了頭仍不明白，因為實有世界有許多不同層面，即使是最純粹主觀的時間感，「**似乎**」也只在實有世界的某些層面成立（如生命），而在某些層面上不成立或根本不重要（例如量子微觀尺度）。不過，關鍵字永遠是「**似乎**」。

## 時間能夠倒轉嗎？

說件有趣的事，過去二、三十年來研究時間的物理學家發現，就像所有的物體必定都有形狀一樣，如果時間真的存在，會需要一個流動的**方向**。這引發了「時間箭頭」可以改變路徑的問題。就連霍金也曾相信，如果／當宇宙開始收縮，時間將會倒轉——但他後來改變了想法，彷彿是為了證明倒轉。無論如何，時間倒轉（雖然完全不可能）並不像一開始聽起來那樣荒謬。

我們持反對意見，是因為我們認為時間倒轉意味著結果發生在原因之前，這一點絕對不合理。如果發生一場嚴重車禍，結果傷患立刻復原為毫髮無傷，撞壞的車子一邊倒退一邊恢復平滑並完美地自我修復。這不但荒謬，也無法達成任何目的，就像是警告大家邊開車邊使用手機的壞處。

不過常見的反對理由是，如果時間真能倒轉，包括人類心理過程在內的萬事萬物都會朝相同的新方向前進，因此我們根本不會注意到任何異狀。

幸好永遠回答不完的無解難題與看似荒謬的現象終於結束，因為時間的本質終於被發現了：**時間是生命宇宙論的產物，是生命為心理迴路創造的一種實用工具，用來輔助特定的功能活動。**

**時間是動物感覺的內在形式，是心智讓世界動起來**

想了解這個概念，請先想像自己在看一部射箭錦標賽的影片。還記得芝諾的飛矢悖論嗎？弓箭手把箭射出去，箭開始飛翔。攝影機拍攝箭的飛行路徑，從箭離開弓一路跟拍到射中標靶。忽然間，放映機按下暫停鍵，畫面上是一支靜止的箭。這是箭飛到一半的畫面，在真正的比賽中不可能讓箭暫停。影片暫停讓你知道箭的準確位置：它剛飛過看臺，距離地面二十呎，但是你看不出與動量有關的任何資訊。它動也不動，速度等於零，它的路徑（也就是飛行軌跡）已不再明確。

為了準確測量它在每一個時刻的位置，它被鎖定在一格靜止畫面裡，也就是讓影片「暫停」。

相反地，在你觀察動量的同時，就無法獨立觀察單一畫面，因為動量是許多單一畫面的**總和**。你無法在同一時刻完全準確地觀察兩個畫面。只要仔細觀察一個畫面，另一個畫面就會變得模糊。無論是箭的運動或位置，一旦你集中視線觀察就無法準確測量。

起初，量子論的測不準特性被認為是由於實驗者或儀器的技術不足，原因出在方法不夠精密。但是，他們很快就發現測不準其實是固有的事實。**我們只能看清自己正在觀察的東西。**

當然，從生命宇宙論的觀點看來，這一切都非常合理：時間是動物感覺的**內在**形式，這種感覺為空間世界裡的事件（**靜止**畫面）賦予生命。心智讓世界動起來，就像放映機的馬達跟齒輪一樣。每一個心智都會把一串靜止畫面（一系列的空間狀態）編織成「流動」的生命。在心智裡面播放「影格」，就能製造出「動作」。別忘了你所感知到的一切，甚至包括這一張書頁，都在你的大腦裡活躍地、不斷地重新改造。這件事此時此刻正在發生。你的眼睛無法看穿頭骨。包括視覺經驗在內的所有經驗，都是由大腦組織過的一連串資訊。如果你的心智可以**暫停**它的「馬達」，你就能看見一個靜止畫面，就像放映機的播放停留在一支固定不動的箭上。事實上，時間可以定義為空間狀態的內在總和，也就是我們用科學儀器測量到的動量。空間可定義為位置，就像被鎖定的單一畫面。因此**空間中的運動**，這句話本身就是矛盾。

## 海森堡的測不準原理

海森堡的測不準原理（uncertainty principle）根源於此：位置（空間地點）屬於外在世界，而動量（把靜止「影格」串起來的時間元素）屬於內在世界。為了追根究柢了解物質，科學家把宇宙簡化成最基本的邏輯，而時間根本不是外在世界的特性。「比起過去的任何一個時代，」海森堡說，「當代科學受到更多來自大自然的壓力，必須再度回答透過心理過程了解現實的可能性，而且要用不太一樣的方式提出答案。」

用閃光燈來比喻或許能幫助理解。迅速移動的東西，可以用閃光燈獨立出瞬間動作，就像在舞廳裡跳舞的人一樣。起伏、劈腿、彈手指全部變成靜止的姿勢，每個動作都被暫停。**靜止**的姿勢一個接著一個。在量子力學中，「位置」就像閃光燈照亮的瞬間動作。動量是許多影格**總和**而成的現實。

空間單位是靜止不動的，因此空間單位或影格之間沒有「東西」，這些影格的串接發生在心智中。舊金山攝影師埃德沃德·邁布里奇（Eadweard Muybridge）或許在不知不覺中率先模仿了這個過程。在電影誕生之前，邁布里奇就已用底片成功捕捉到動作。一八七〇年代晚期，他把二十四臺照相機排放在賽道上，然後讓一匹馬快速跑過賽道。馬兒經過時會踢斷細繩，一一啟動相機的快門，馬兒的連續步伐被一格一格地分析。動作的錯覺就是靜止影格的總和。

經過兩千五百年後，芝諾的飛矢悖論終於獲得證實。出色的芝諾所捍衛的伊里亞學派（Eleatic School of philosophy）❸所言不虛。海森堡說得也沒錯：「一條路徑只有在你觀察它的時候，它才會存在。」時間或動作都需要生物才得以存在。實相不具有等待被發掘的明確特性，它的存在取決於觀察者的行動。

---

❸伊里亞學派是西元前五世紀創建於希臘伊里亞市的一個哲學派別，主張邏輯標準才是釐清真相的必要條件，而非感官經驗。

## 時間旅行是可行的嗎？

把時間當成真實存在的人，自然也以為時間旅行應該是可行的，甚至有人誤用量子論來佐證。幾乎沒有理論家把時間旅行的可能性當成一回事，或是認真看待與地球平行存在的時間維度。除了違背已知的物理定律之外，還有一個原因：如果時間旅行**真的**可能實現，人類有辦法回到過去，那麼這些人到哪兒去了？我們從沒聽說過有人類難以解釋地從未來回到現在。

甚至連時間流逝的速度也會隨著感覺而異，而且在現實中絕對會改變。我們把望遠鏡指向能讓我們**看見**時間過得比較緩慢的地方，就能觀察數十億年前存在的地方。時間的結構似乎跟香腸一樣奇怪而難以掌握。

### 光速是這樣發現的：木星衛星有半年轉速較慢？

讓我們試著用一個簡單的想像實驗釐清一個常見的時間改變。請想像自己乘坐火箭離開地球，從火箭後方的窗戶望出去，會看見發射臺附近的人正在為了發射成功鼓掌叫好。隨著你離他們愈來愈遠，他們的模樣傳到你眼睛的距離就愈長也愈慢，抵達的時間比上一個「影格」晚很多。結果就是：一切都看起來就像慢動作，他們的鼓掌也給人敷衍了事的感覺。凡是快速遠離我們的物體，看起來都像慢動作。因為宇宙裡幾乎所有的東西都**在**後退，所以我們凝視的太空一定如夢似幻，猶如縮時攝影。幾乎所有的宇宙事件都發生在不真實的時間框架裡。兩個多世紀前，挪威天文學家奧勒．羅默（Ole Roemer）就是用這種方式發現光速的存在。他注意到木星的衛星每年有一半的時間速度較慢，並因此發現地球繞行太陽時會遠離木星衛星，他算出的光速與實際光速誤差不到百分之二十五。相反地，每年有一半的時間木星衛星的速度會看似變快，在逐漸接近太空人眼中，這個快轉的外星世界居民就像快速播放的卓別林默劇。

## 時間會膨脹，距離會收縮

與這些虛幻又無可避免的扭曲現象重疊在一起的，是在高速或強大重力場裡（gravitational field）❹時間會變慢。這不是用淺顯的合理化就能一笑置之的事（例如犯錯的老公太晚回家），而是讓我們看見此一奇特現象的另一面。

這種**時間膨脹**（time dilation）效應只有在接近光速時才會特別顯著。達到光速的百分之九十八，時間的速度會變成平常的一半。達到光速的百分之九十九，時間的速度會變成七分之一。這是已知的事實，千真萬確，並非假設。例如，宇宙射線擊中大氣層高處的空氣分子時，空氣分子會像撞球一樣被打散，分子的內部以接近光速的速度噴向地面。這些次原子子彈會穿過我們的身體，可能會撞擊到遺傳物質（genetic material）甚至導致疾病。

❹質點在空間中受到重力的場，有質量的物體都會產生重力場。

但是它們應該無法撞擊到人體，造成惡果。這種原子物質壽命很短，通常緲子（muon）❺會在一微秒內無害地衰變，時間短到來不及抵達地球表面。只有在時間因為高速而變慢的時候，緲子才有機會碰觸到人類——這個時間被延長的虛幻世界允許緲子進入我們的身體。相對論效應絕對不是假設，它經常送來死亡與疾病做為獻禮。

若乘坐速度為百分之九十九光速的火箭，你將會感受到七倍的時間膨脹：從你的觀點看來，一切都沒變。你飛行了十年，也老了十年。但是當你回到地球時，會發現時間已經過了七十年，所有的老朋友都已過世無法來迎接你。（想知道如何計算時間在各種速度下會變得多慢，請參考附錄一的勞倫茲變換式。）

事實勝於理論：你與其他機組人員度過了十年，但是**同一段時間內**地球已過了七十年。抽象的論點完全站不住腳。地球上的人類已過完一生，太空飛行的人只過了十年。

你或許可以說時間不會厚此薄彼，但是大自然如何決定誰老化得快、誰老化得慢？在一視同仁的宇宙裡，你難道不能宣稱自己處於靜止狀態，是地球先遠離然後再回來？為什麼老化較慢的不是地球上的居民？物理學提供了答案。

你活得比較久，因此答案必定就在你身上。答案是：你在旅程中感受到力的加速與減速，所以你不能否認先離開再回來的是你，而不是地球。任何矛盾都在一開始就已消除，進行太空飛行的人也知道誰才會感受到時間變慢。

愛因斯坦告訴我們時間會變化，藉由不同的速度呈現出它獨一無二的成長儀式；但是愛因斯坦也告訴我們距離會收縮，這是完全出人意料的現象。以光速的99.9999999%飛向銀河系中心，就能感受到22,360倍的膨脹效應（dilation effect）。在太空飛行的人戴的手錶走一年，對其他人來說卻已過了兩百二十三個世紀。來回一趟只需要兩年，回到地球上卻已過了令人心碎的五百二十個世紀。但是從太空飛行者的角度來說，時間依然正常流逝，只不過他與銀河系中心的距離只剩下一光年。如果有人能以**光速**飛行，他會發現自己同時存在於宇宙的每個角落。如果光子有感覺的話，這應該就是它的感受。

## 時間不是恆常不變的

這些效應都與相對性有關，是用自己的時間感去跟他人的時間感做比較。這至少意味著時間絕非恆常不變，而任何一種會隨著環境改變的東西都不可能像光速、意識或重力常數一樣，成為宇宙實相的基礎或基礎的一部分。

把時間從絕對的真實降級成主觀經驗、虛構的產物或甚至是一種社會習俗，就是生命宇宙論的核心觀點。時間終究是虛幻的，只不過是一種輔助工具，是人類為了日常生活的方便而約定俗成的結果；它再次證明了我們必須嚴正質疑「外在宇宙」的思維。

就算時間是一種方便的工具，也是一種生物機制，你還是可以後退一步提出質疑：這種被分

❺ 一種帶有一個單位負電荷、自旋為½的基本粒子。

割思考、充滿爭議的實體到底是什麼？愛因斯坦提出時空的概念，指出物體可以持續不斷地運動，跳脫參考座標以及速度或重力所引發的空間與時間扭曲。透過時空的概念，他發現在真空裡的光，無論發生任何情況、從任何角度觀察，都會維持固定的速度，可是距離、長度和時間卻不是恆常不變的。

無論是社會學或科學，人類都是為了建構秩序而把事件放置在連續的時空上。宇宙的年齡是一百三十七億年，地球的年齡是四十六億年。幾百萬年前我們的星球上出現了**直立人**（Homo erectus），數十萬年後才發明了農業。四百年前，伽利略同意哥白尼（Copernicus）的日心說。達爾文於一八〇〇年代中期在加拉巴哥群島（Galapagos Islands）揭開了演化的真相。一九〇五年，愛因斯坦在瑞士專利局推導出狹義相對論。

在牛頓、愛因斯坦和達爾文的物理宇宙裡，時間像一本記錄事件的帳簿。我們把時間當成向前推進的連續體，它不斷流向未來、不斷累積，這是因為人類和動物都是天生的唯物論者，線性思考是我們的本能，讓我們能夠順利進行日常工作，例如赴約和澆花。我的朋友芭芭拉在丈夫尤金過世前，曾和他一起坐在沙發上看書、看電視，年輕時也曾在沙發上緊緊依偎。這張沙發還在他們家客廳裡，跟多年來收藏的小擺飾放在一起。

但時間並非絕對的現實。我們可以把存在想像成錄音，聆聽一張舊唱片不會改變歌曲的內容。把唱針放在不同的音軌上，就能聽見一段不同的歌曲，這就是所謂的現在。聽過的音樂是過去，還沒聽的音樂是未來。想像每一刻、每一天都自然而然綿延下去，這是一張永遠不會消失的唱片。所有的現在（唱片上所有的歌曲）都同時存在，但是我們一次只能體驗一種現在，就像一次只能聆聽一首歌曲。我們不能一直重複播放《星塵》（*Stardust*）這首歌，因為我們體驗的時間是線性的。

如果芭芭拉可以隨心所欲地選擇人生片段，也就是隨意選取自己愛聽的歌，不用按照順序，她可能會認識在時間箭頭上二〇〇六年五十歲的我、學步時期的我、青少年的我、老年的我，都同時存在於現在。

畢竟就連愛因斯坦也承認：「貝索（Besso，愛因斯坦的老友）比我先離開這個奇妙的世界，但是無所謂。像我們這樣的人……都知道過去、現在與未來之間的界線，只不過是一種頑強的錯覺。」

時間是一支固定向前飛的箭，是人類創造出來的觀念。我們活在時間最前端只是一種想像。與銀河系、太陽和地球有關的事件都是不可逆且不斷向前推進的，則是一種更誇張的想像。空間與時間都是動物理解世界的方式，僅此而已。我們依循這些方式生活，就像烏龜背著龜殼一樣。因此，並沒有一種絕對而獨立存在的環境能讓物理現象在缺少生命的情況下發生。

## 能夠測量時間，能否證明時間真的存在？

讓我們回歸到更基本的問題。芭芭拉想了解時鐘。「我們有非常精密的計時設備，例如原子鐘（atomic clocks）。既然我們能夠測量時間，不就證明了時間確實存在嗎？」

芭芭拉提出了一個很好的問題。畢竟，我們用公升或加侖計算汽油，並且根據這些量化單位支付油錢。我們會如此大費周章地去記錄並非真實存在的東西嗎？

愛因斯坦對這個問題不屑一顧，他說：「時間是我們用時鐘測量的東西，空間是我們用量測桿（measuring rod）測量的東西。」物理學家把重點放在**測量**，但是我們也可以把重點放在**觀察者**身上，這是本書明確強調的主題。

如果時鐘的例子太難懂，你可以想想測量時間的能力是否足以證明時間的存在。時鐘是規律的機器，也就是重複著相同的過程。人類利用規律的事件（例如滴答的時鐘）去記錄其他事件，例如地球自轉。但這並不是**時間**，而是**事件之間的比較**。說得更精確一些，經過無數個世代之後，人類觀察到規律的自然現象：月球或太陽的週期性、尼羅河的氾濫等等，然後創造出其他規律的事件來觀察它們彼此之間的關係，完成簡單的比較。愈是規律和重複的事件，就愈能滿足測量的目的。在三十九吋長的繩子末端綁上砝碼，來回擺盪一次的時間剛好等於一秒；這個長度也是公尺的第一個定義（英文的公尺 meter，在義大利文裡的意思就是「測量」）。後來發現了有用的石英晶體，只要用微量電力刺激，每秒就能震盪 32,768 次；甚至到了今天，石英晶體仍是大多數手錶的基礎零件。我們叫這些人造的規律儀器**時鐘**，因為它們的重複過程一直很平均。當然重複的速度也可以很慢，例如日晷；地球繞行太陽導致影子的長度與位置有所變化，日晷的功能就是比較這些變化。普通的機械鐘刻度與齒輪會隨著溫度改變體積，原子鐘比機械鐘更加精密，利用頻率每秒9,192,631,770的電磁輻射波讓銫原子核處於特定的旋轉狀態；這也是一秒鐘的**（正式）**定義：銫—133原子核的「心跳」總和。以上這些都是人類利用特定事件的規律來計算其他事件的例子。

其實，自然界裡所有可靠的循環事件都可以用來記錄時間（有些已被利用），潮汐、太陽自轉和月相只是最顯著的自然週期現象。就連普通的自然事件都可以用來測量時間，只不過精準度遜於時鐘：冰雪融化、孩子的成長、蘋果落地後的腐爛過程，幾乎任何自然事件都能測量時間。

人為事件也可以，例如陀螺從旋轉到停止的時間。你可以用這段時間比較標準體積的冰塊在炎熱天氣的融化時間，也可以計算陀螺轉幾圈冰塊才會融化，也許一顆冰塊融化剛好是陀螺轉二十四圈。我們也許可以定義每顆冰塊融化為「一天」。

一天等於陀螺轉二十四圈的「小時」，然後約芭芭拉在二．五顆冰塊融化或陀螺轉六十圈的時候碰面喝茶，用哪個單位取決於你們手邊使用的計時工具。你很快就會發現除了不斷改變的外在事件，時間根本不存在。

## 真正發生的是運動，不是時間

人們認為時間是實體，是因為我們發明了時鐘這種東西，但其實時鐘只是比花開或蘋果腐爛更規律、更一致的工具罷了。事實上真正發生的是運動（motion），純粹又簡單，這種運動局限於此時此地。當然，我們也把時間視為放諸四海皆準的「事件」（例如每個人的時鐘都說現在是晚上八點），這個事件能通知我們**另一個**事件的到來，例如你最愛看的電視節目。

我們自以為站在時間的最前端，這個位置讓我們感到心安，因為這代表我們依然活著。我們站在時間的最前端，明天尚未到來。未來尚未發生，大部分的人類後代尚未出生。未來的一切是一個大謎團，就像一大片空白。生命在我們的前方不斷延續。我們被綁在時間火車的車頭上，這輛火車不斷衝向未知的未來。我們後面拖著餐車、商務車廂、乘務員車廂，以及我們永遠無法再走一次的無窮盡軌道。這一刻之前的時間都成了宇宙的歷史。我們對絕大多數的人類祖先一無所知，而他們早已消逝。這一刻之前的時間已經永遠消失。不過，這種活在時間最前端的主觀感受是一種長期錯覺，目的是為自然現象創造一種可以理解、有組織的模式，日子一天接著一天，春天過後是夏天，時間就這樣一年年過去。無論我們習慣的感知怎麼說，時間在生命宇宙論裡並不是連續的。

如果時間真的不斷向未來流動，我們居然能存在在時間的最前端，還真是不可思議，就算只是一瞬間也一樣。想像一下自從有時間以來，已經過了多少天、多少小時。把時間像椅子一樣層層堆疊，然後坐在最上面的那張椅子上；要是你喜歡速度感，就把自己繼續綁在時間火車頭上。

科學無法解釋我們為什麼活在此刻，也就是時間的最前端。根據目前的物理科學世界觀，生命的出現純屬意外，機率低到微乎其微。

人類的時間感幾乎可確定是源自思考的習慣，一字一句的思考過程讓我們想像和預測各種想法與事件。只有在極少數的時刻裡，我們的思想會變得清澈，心智會變得空無；或是因為面對危險或嶄新的經驗而被迫把注意力集中在意識上。在上述的情況下，時間會消失，取而代之的是難以言喻的自由快樂，或是逃離立即危險的專注力。在這種無關思考的經驗中，時間跳脫一般認知：「整個意外過程以慢動作在我眼前上演。」

簡言之，生命宇宙論認為時間不是獨立於生命的存在，也不存在於生命的世界裡。不過，讓我們回顧一下芭芭拉的看法：孩子長大成人、老化，以及心愛的人死去時強烈感受到的時間感，建構出人類對時間流逝與存在的感知。我們的小寶寶變成大人，我們會變老，小寶寶也會變老。我們大家都在變老。對我們來說這就是時間。時間如影隨形。

我們要在這裡加上第六法則：

生命宇宙論第一法則：我們感知到的真實是一個與意識有關的過程。「外在」真實如果存在的話，依照定義應該會存在空間之中。但這是毫無意義的，因為空間與時間都不是絕對的真實，而是人類與動物心智的工具。

生命宇宙論第二法則：外在感知與內在感知密不可分。兩者猶如硬幣的兩面，無法分割。

生命宇宙論第三法則：次原子粒子的行為（意即所有的粒子與物體）和觀察者息息相關。少了有意識的觀察者，它們充其量只是處於一種尚未確定的機率波狀態。

生命宇宙論第四法則：少了意識的存在，「物質」處於尚未確定的機率狀態。意識存在前的任何宇宙只可能處於一種機率狀態。

生命宇宙論第五法則：宇宙結構唯有透過生命宇宙論才能解釋。宇宙專為生命量身打造，這一點合情合理，因為生命創造宇宙，而非宇宙創造生命。宇宙只是自我的全套時空邏輯。

**生命宇宙論第六法則：少了動物的感知，時間根本不存在。我們用時間這種過程來感知宇宙內的變化。**

第十一章

# 空間會收縮

## ——空間是將感覺塑造成多維物體的一種軟體

諸神啊！消滅時間與空間吧，讓這對愛侶獲得幸福。

——亞歷山大．波普（Alexander Pope，1728）

# 空間真的存在嗎？

動物的心智如何理解世界？我們都被教導時間與空間確實存在，兩者的真實性也在日常生活中不斷被強調，例如當我們從甲地移動到乙地，或是伸手去拿東西的時候。多數人從來不曾以抽象的角度思考過空間。就像時間一樣，空間是生活不可或缺的一部分，檢視空間的本質就像檢視走路或呼吸一樣不自然。

「空間顯然存在，」我們可能會這麼說：「因為我們住在空間裡。我們在空間裡移動、開車、蓋房子。哩、公里、立方呎、線性表等等，都是我們用來測量空間的單位。」人類會約在百老匯和八十二街路口的巴恩斯與諾柏大樓二樓的餐館碰面。我們使用明確的空間尺度，而且通常與時間搭配使用。也就是日常生活中的「時間、事件、地點」。

## 空間只是一種概念，完全來自動物感知

動物感知是理解與意識的來源，但是**「時間與空間完全來自動物感知」**這樣的理論既嶄新又抽象，而日常經驗也無法向我們證實這個事實。生活經驗似乎告訴我們時間與空間都是外在的（甚至是永恆的）現實。它們顯然涵蓋並串連所有經驗，是生命中最重要的元素。它們似乎凌駕一切人類經驗，人類活動全都發生在時空框架裡。

身為動物，我們天生就會利用地點與時間向自己與他人說明自己的經驗。歷史定義過去的時候，也是把人物與事件放置在特定的時間與空間裡。大霹靂、地質學的深邃時間（deep time）❶與演化論等科學理論充斥這樣的邏輯。我們的一切經驗都證實了空間的存在：從甲地移動到乙地、並排停車、站在峭壁邊緣等等。

當我們伸手拿茶几上的一杯水時，我們的空間感通常是無懈可擊的，很少會因為計算錯誤而讓水灑出來。把自己視為時間與空間的**創造者**而不是主體，違背了常識、生活經驗與教育。我們必須徹底扭轉觀點，才有可能**用直覺去感受**時間與空間都是動物感知的產物，因為這具有相當驚人的意義。

我們都直覺地知道時間與空間並不是**東西**，也就是那些可以看、摸、嘗、觸碰或聞到的東西。時間跟空間是奇特的無形存在。我們無法把它們拿起來，放在架子上，像在沙灘上撿到的貝殼或石頭一樣。物理學家無法把時間或空間裝在小瓶子裡帶回實驗室，像昆蟲學家把昆蟲蒐集起來檢查、分類。它們特別古怪。這是因為時間跟空間不但沒有形體，也不能算是真實的存在。它們是一種概念，也就是說，時間與空間具有獨特的主觀性。**它們是詮釋與理解的方式**。它們是動物心理邏輯的一部分，是把感覺塑造成多維物體的一種軟體。

❶ 一種地質學的時間概念，由十八世紀蘇格蘭地質學家詹姆斯・赫頓（James Hutton）以地球化學為基礎發展而來。

## 名色而目盲：空間是辨識符號時的休息空檔

除了時間，空間也是人類創造的概念，就好像所有的物體都放在一個無邊無際的巨大容器中展示。可惜的是，「無空間」的有形**感知**經常局限於導致「意識改變」的實驗，受試者認為所有物體都失去了做為個別物體的真實感。

雖然現在受限於邏輯，但我們應該還是可以理解在空間中看似不相連的各種物體，其實都需要先經過認識與確認的過程，然後再把這個模式印刻在心智中。

當我們注視著自己熟知的物體，例如桌上的盤子與餐具，我們知道它們之間因為空間而不相連；這是一種長期的心理習慣。這不是特別開心或超越經驗的事情，叉子跟湯匙沒有絲毫令人讚歎之處。這些物體都被思考的心智阻擋在外，被放在顏色、形狀或用途的類別中。叉子的叉齒被視為個別物體，是因為它們擁有自己的名字。相對來說，叉子的把手與叉齒之間的彎曲部分沒有名字，所以我們也不會把它視為個別存在的實體。

想想更少見的情況：全新的視覺經驗會讓邏輯心智毫無用武之地，也就是完全驚呆；例如，在阿拉斯加中部等有壯觀極光的地方看見不停改變的極光圖案，每個人都會目瞪口呆，興奮屏息。極光的圖案沒有名字，而且隨時都在變換。這些圖案都不被視為個別實體，因為它們不存在我們習慣的分類系統裡。在辨識這個現象的過程中，空間也消失了，因為物體與它所處的環境密不可分。如萬花筒般的極光是一種嶄新的實體，空間無法為它下定義。就算不吸食迷幻藥，也能體驗到這種被全面淹沒的感知。其實只要捨棄後天學習、非與生俱來的既定觀念，用更直觀的方式去感知就行了。

物體的界線取決於人類的語言與觀念，在看見擁有多重色彩與形狀的複雜視覺現象或事件時（例如夕陽），有時我們也會無法繼續拆解它，只好用一個單獨的名稱來形容眼前的整體畫面。無論是一隻麻雀或是一個文明人，都可能會因為黃昏時分不停變化的形狀與色彩而深受感動；但是知識份子可能會用文字來幫它貼標籤，然後繼續喋喋不休地討論其他夕陽，或是詩人如何描繪夕陽等等。類似的例子像是一朵變化多端的夏天雲朵，或是瀑布不斷傾瀉而下的無數水流。雖然這裡有很多空間，卻沒有適當的條件能讓我們仔細觀察瀑布後，再把構成瀑布的各種水流加以區分：涓涓細流、水滴或其他型態，然後在各種水流迅速變換之際，分析它們之間的空間。太麻煩了。因此，我們用單一的名稱來形容這種現象整體：一朵**雲**或一個**瀑布**，心智在為空間區隔物體進行分類時，會讓它們直接「保送」。於是，我們可以用單純的目光欣賞眼前的景色，而不是去辨識一大堆的心理符號。尼加拉瀑布可能不管怎樣都能令人讚歎，但也因為它暫時減輕了心理牢籠的材質密度，所以我們才會感到特別興奮。而沒有明顯特徵的「隆隆」聲響更是錦上添花，因為這種聲響跟觀念的形成也沒有太大關係。

「名色而目盲」是一句古老的禪宗諺語，意思是知識份子習慣用命名或貼標籤的方式思考，反而讓活躍而有生命的真實被一連串的標籤取代。空間也是這樣。空間只不過是概念中的心智在清清喉嚨，是辨識符號時的休息空檔。

無論如何，這種主觀的真實已獲得實驗支持（請見之前討論量子論的章節），這些實驗強烈支持距離（空間）對交纏粒子來說不具有真實性，無論它們相距多遙遠。

## 永恆的時空海？

愛因斯坦的相對論也證明空間並非恆常、絕對的存在，所以不具有內蘊的實質性。這意味著極度高速的運動會使距離縮減到完全不存在。因此，當我們抬頭仰望星空，讚歎星星多麼遙遠、宇宙多麼浩瀚的時候，其實早有整整一世紀的實驗一再證明，表面上人類與人類以及人類與任何物體之間存在著距離，其實一切都隨著觀點而異；因此，這種距離沒有**內蘊**的真實性。這並不是澈底否定空間，只是讓空間變成一種不確定的觀念。要是我們住在一個重力場強度很大的星球上，或是高速飛離地球，那些星星的距離就會變得完全不一樣。用實際的數字舉例，如果我們以光速的百分之九十九（每秒 186,282.4 哩）飛向天狼星（Sirius），會發現它的距離只有一光年左右，而不是地球上的朋友們所測量的八．六光年。如果用相同的速度橫越長度二十一呎的客廳，所有的儀器與感覺都會告訴我們客廳的長度只有三呎。神奇的是，客廳與地球到天狼星的距離都沒有因為錯覺而縮短。天狼星**確實**只有一光年遠，客廳的長度也**確實**只有三呎。如果我們以光速的 99.9999999% 移動，這麼做完全符合物理定律，客廳的長度會變成原來的兩萬兩千三百六十一分之一，也就是百分之一吋，跟這個句子最後的句號差不多大。客廳裡的物品、家具或人類也會變得極度微小，但我們不會注意到任何不同。空間幾乎完全消失。我們用來放置熟悉的「東西」的可靠結構到哪兒去了？

其實，早在十九世紀就有人發現空間的奇特與不確定性可能超乎想像。當時的物理學家認為（現在多數物理學家依然如此認為），空間與時間是外在、獨立的存在，與意識無關。

在此我們必須介紹與空間概念關聯最深的一個人。我們將會發現，愛因斯坦的聰明才智不僅限於一九〇五年與一九一五年發表的相對論。歷史安排愛因斯坦出現的時機很巧妙，他的學術事業起飛之際，正好是西方自然哲學基礎面臨危機與混亂的時刻。量子論幾年後才會問世，此時對觀察者與現象之間的互動，所知出奇地有限。

愛因斯坦那個年代的人接受的教育是：客觀實體世界的發展完全遵循與生命無關的定律。「相信外在世界與感知主體毫無關聯，」愛因斯坦曾經寫道，「是自然科學的基礎。」宇宙被視為一臺巨大的機器，在時間出現之初開始啟動，每顆齒輪的運轉都遵循與人類無關且永恆不變的定律。「從開始到結束，一切早就取決於我們無法控制的力量。從昆蟲到恆星，一切早已決定。人類、蔬菜、宇宙塵，全都隨著遠方看不見的風笛手吹奏的神祕旋律起舞。」

當然後來科學發現了這個想法與量子論的實驗數據不相符。以最嚴謹的方式詮釋這些科學數據後，會發現真實是由觀察者創造出來的，至少也與觀察者密切相關。有鑑於此，自然哲學也必須接受重新詮釋；科學開始關注扮演物質現實基礎的生命特性。甚至早在十八世紀，高瞻遠矚的康德就曾說過：「我們必須拋棄空間與時間具有實體特性的概念……必須把所有的物體與其所處的空間當成一種象徵表現，只存在於我們的思想之中。」

生命宇宙論說空間是一種心智投射，而經驗起源於心智。空間是一種生命工具，是外在感官的一種形式，能幫助生物協調感官資訊，再根據感知對象的性質與強度去做出判斷。空間本身並非物理現象，也不應該像化學物質或運動粒子那樣被研究。我們動物利用這種感知形式把感覺組織成經驗。從生物學來說，如何詮釋輸入大腦的感官資訊取決於它在身體裡所走的神經路徑。例如，視神經接收到的資訊被詮釋為光，而身體特定部位的局部感覺取決於它走哪一條路徑進入中央神經系統。

為了不讓形上學的思想干擾方程式，愛因斯坦說：「空間是我們用量測桿測量的東西。」但是，容我再次強調，這句定義的焦點應該是**我們**。如果少了觀察者，空間有何意義？空間不只是沒有牆壁的容器。我們不妨質疑如果所有的物體與生命都不存在，還剩下什麼？空間會在哪裡？空間的邊界如何定義？我們難以想像有任何東西能存在於沒有物質或盡頭的實體世界裡。科學無法把虛無的空間歸類為獨立的現實，真是令人匪夷所思。

## Z點能量

另一種理解虛無空間的方式來自一項現代研究結果，那就是看似空無一物的空間其實充滿幾乎難以想像的能量，這種能量以物理質量的虛粒子呈現，虛粒子像受過訓練的跳蚤一樣，不斷地跳進和跳出實相世界。實相就是建立在這種看似空無的基石上，這顆基石其實是一種有生命的、活生生的「場」，這個強大的實體並不是空蕩蕩的。它有時候被稱為Z點能量（Z-point energy），當我們周遭無所不在的動能在絕對零度（華氏−459.67）的情況下完全靜止時，Z點能量就會出現。Z點能量或真空能（vacuum energy）自一九四九年以來已透過卡西米爾效應（Casimir effect）獲得證實：卡西米爾效應的實驗把兩塊金屬板靠得很近，它們會因為外側的真空能量波而承受強大壓力。兩塊金屬板中間的狹小空間則會限制能量波，讓它們沒有足夠的「喘息空間」去對抗來自外側的壓力。

有許許多多的錯覺與作用一再地傳遞錯誤的空間觀。讓我們複習一下：

- 空無一物的空間並非真的空蕩蕩；
- 物體之間的距離會因為各種條件而改變，因此任何物體之間都不存在著絕對的距離；
- 量子論嚴正質疑物體是否真正完全分離，甚至包括相聚遙遠的物體；
- 我們之所以「看見」分離的物體，只不過是因為我們受到制約和訓練，我們透過語言與習慣畫出空間界線。

自古以來，哲學家一直對物體與背景深感好奇，例如那些營造錯覺的圖案，有時看似一只高級酒杯，有時看似兩張面對面的側臉。其實空間、物體與觀察者也是同樣的道理。

當然，空間與時間的錯覺是無害的。之所以會有問題，是因為科學把空間當成一種實體的存在，所以無論是調查實相的本質，或是為了尋找能夠真正解釋宇宙的萬有理論所展現的強烈熱忱，都是從完全錯誤的起點出發。

## 十九世紀的空間探測：以太並不存在

休謨（Hume）寫道：「如此看來，人類對感官的信心似乎出自天生的本能或成見。在沒有經過任何理性思考的情況下，甚至在使用理智之前，我們就已經認定外在宇宙並非取決於感知，而是就算人類與所有生物都已不在或被消滅，宇宙依然存在。」

### 邁克生－莫立實驗

早期物理學家**賦予**空間的物理特性當然是不可能找到的，但是他們並未因此罷休。最有名的例子就是一八八七年的邁克生－莫立實驗（Michelson–Morley experiment），目的是消除大家對「以太」（ether）的疑慮。在愛因斯坦小時候，科學家認為空間裡充滿以太，而且以太定義了空間。古希臘人厭惡「being nothing」的概念：身為優秀又偏執的邏輯學家，他們很清楚「being nothing」是一個矛盾的概念。[2]「being」這個動詞顯然跟「nothing」互相矛盾，把這兩個字放在一起，就好像在說「你要走不走」（walk not walk）。十九世紀前的科學家早已相信行星之間必定存在著某種物質，否則光就無法傳播。雖然之前試圖證明以太的存在以失敗告終，但是阿爾伯特・邁克生（Albert Michelson）認為，如果地球在以太中運行，那麼前進方向與地球相同的光束反射回來的光，速度應該會超過與地球運行方向垂直的光束。

在愛德華．莫立（Edward Morley）的協助下，邁克生把實驗儀器架設在堅固的混凝土平臺上，讓平臺漂浮在一個裝滿液態汞的池子裡。有多面鏡子的實驗儀器會隨時旋轉，避免出現不必要的傾斜。實驗結果無庸置疑：在「以太風」（ether stream）裡來回傳播的光，無論是「順風」或「逆風」，速度都一樣。看起來就好像地球靜止在繞行太陽的軌道上，彷彿驗證了希臘自然哲學家托勒密的地心說；但是我們不可能因此完全摒棄哥白尼的日心說。以太跟著地球一起運行的這項假設也無法成立，已有許多實驗排除了這個可能性。

## 勞倫茲變換式

以太當然不存在，空間也不具有物理特性。梭羅曾說：「智慧不會以鉅細靡遺的方式降臨在我們身上，而是來自上天的靈光乍現。」靠著適當應用邏輯的狂喜，而不是上天的幫助，喬治．費茲傑羅（George Fitzgerald）花費數年終於發現邁克生—莫立實驗無法證實以太的存在，可能有另一個解釋。他指出運動中的物質會在運動軸上收縮，收縮的程度與運動的速度成正比。例如，物體前進時的長度會比靜止狀態更短。邁克生的實驗儀器也會用相同的方式自我調整（事實上所有的測量儀器，包括人類的感覺器官），方向與地球運行相同時便會收縮。

---

❷ being 意指存在，nothing 意指空無一物，既然「無物」又如何存在？因此兩個字語意矛盾。

起初這項假設缺乏可靠的證據（科學與政治都有這個缺點），直到偉大的荷蘭物理學家亨德里克・勞倫茲（Hendrik Lorentz）提出了電磁學的解釋。勞倫茲是率先假設電子存在的科學家之一，促成一八九七年電子的發現，成為最早被發現的次原子粒子；電子也是三種基本粒子之一，也就是無法再分解的粒子。許多理論物理學家，包括愛因斯坦，都以勞倫茲馬首是瞻。勞倫茲相信這種收縮現象是一種動態效應，他也相信物體運動時的分子力不同於靜止狀態的分子力。他認為帶電荷的物體在空間中運動的時候，物體內粒子之間的相對位置也會改變，進而改變物體的形狀，讓它往運動的方向收縮。

勞倫茲算出一組方程式，也就是後來的勞倫茲變換式（又稱勞倫茲收縮，見附錄一），敘述相同事件在不同參考座標系（frame of reference）的變換關係。這個變換式簡單而優美，因此愛因斯坦一九〇五年提出的狹義相對論使用了完整的勞倫茲變換式。勞倫茲變換式是狹義相對論的數學基礎，不但成功量化了收縮假設，也在相對論出現之前就為移動粒子的質量增加提出正確的方程式。

不同於長度改變的是，電子的質量改變取決於磁場所造成的電子偏轉（deflection）。一九〇〇年，沃爾特・考夫曼（Walter Kaufman）證實了勞倫茲變換式預測正確，電子質量確實會增加。事實上，後來的實驗證明了勞倫茲變換式近乎完美。

## 愛因斯坦的相對論

雖然龐加萊（Poincaré）已發現相對論原理，勞倫茲也已提出變換式，不過愛因斯坦才是掌握成熟收割時機的人。狹義相對論清楚闡釋時空變換定律的完整意涵：運動中的時鐘真的走得比較慢，速度接近光速時尤為明顯。例如，以時速五億八千六百萬哩運動的時鐘，速度是靜止狀態時的一半。若是以光速運動（時速六億七千萬哩），時鐘會完全停止。這對日常生活的影響是幾乎無法察覺的，因為沒有人敏感到能察覺日常生活中時鐘與量測桿的極微小變化。就算身處在時速六千哩的火箭裡，時鐘也只會變慢不到百分之〇．五。

愛因斯坦的相對論以勞倫茲變換式為基礎，預測高速運動下各種不尋常的效應。幾乎沒有人能夠想像相對論所描述的世界，就連想像力豐富的作家創作的小說也做不到，例如小說《時間機器》（*The Time Machine*）的作者威爾斯（H.G. Wells）。

實驗一一證實愛因斯坦的想法。他的方程式經過檢驗、再檢驗與逆向檢驗。事實上，有許多技術都奠基於這些方程式，電子顯微鏡就是其中之一，還有電子調速管（klystron），也就是為雷達系統提供微波電力的電子管。

相對論與本書介紹的生命宇宙論都預測到相同的現象（本書支持勞倫茲提出的動態「補償理論」〔compensatory theory〕）。從觀測到的現象看來，兩種理論不可偏廢。全球頂尖的科學哲學家勞倫斯．斯卡拉（Lawrence Sklar）說：「在自由選擇的情況下，相對論絕對優於其他補償理論（生命宇宙論）。」不過，我們毋須摒棄愛因斯坦的想法，也能恢復動物與人類直覺所感知到的時間與空間。它們屬於我們，而非物質世界。要解釋時間與空間為什麼與觀察者有關，根本不需要創造新的維度與數學公式。

但是，這種等相容性（equi-compatibility）並不適用於所有的自然現象。愛因斯坦的相對論在次分子的空間尺度上毫無用武之地，因為相對論描述的運動發生在四維的時空連續體中。因此，光靠相對論應該可以準確地同時測定位置與動量或能量與時間；然而這個結論卻不符合測不準原理設定的限制。

愛因斯坦對自然的詮釋，是為了解釋運動與重力場之間的矛盾，並不是空間或時間少了觀察者是否依然存在的哲學論述。就算行進的粒子或光子矩陣是空無一物的意識場，它們也一樣成立。

無論計算運動的數學工具有多麼方便，時間與空間依然是屬於感知器官的特性。就算相對論的時空觀是顯學，也就是時空是獨立存在、擁有獨立結構的實體，但唯有從生命的觀點去討論時間與空間才有意義。

除此之外，經過了大量的分析後再回頭去看相對論，會發現愛因斯坦只是**用4D的絕對外在現實取代3D的絕對外在現實。**事實上，愛因斯坦在廣義相對論的論文開頭，也對狹義相對論提出相同的疑慮。愛因斯坦說客觀現實屬於獨立的時空，跟時空內發生的事件毫無關聯。如果今天他依然在世，這份疑慮肯定會引起他的興趣，雖然他後來因為無法進一步研究而放棄了它。畢竟，他一再強調過多次的宗教觀是「自由意志並不存在」，因此宇宙必然是臺自動運作的機器，我們只能隨波逐流，直到二元論、獨立的自我（ego-independence）、獨立的意識和外在宇宙變得不堪一擊為止。其實，觀察者與觀察對象緊密相連。如果兩者被切開，現實也隨之消失。

愛因斯坦的研究本身非常適合用來計算軌跡、判定事件的相對順序。**他並未打算說明時間與空間的本質，因為物理定律根本解釋不了。**因此，我們必須先了解自己如何感知和想像周遭的世界。

我們的大腦被關在密封的頭蓋骨裡，我們要如何看見東西？這個豐富又精采的宇宙完全來自只有四分之一吋大小的瞳孔，只因為微弱的光能從那裡進入？它如何把電化脈衝變成指令、順序和統一的整體？我們如何認知面前的一張書頁、一張臉，或是任何真實到幾乎不會令人質疑其存在的東西？我們身旁一直存在的鮮明畫面是在腦中盤旋的一種結構、一種完成品，而傳統物理學顯然無法提供解答。

「在我充滿信心地跨入（認識論）之後，」愛因斯坦寫道：「我很快就發現這是一條危險的路，因此我小心翼翼地讓自己專注在物理學的領域。」寫得真好。寫下這段話的愛因斯坦提出狹義相對論已過了將近半個世紀，經過智慧與後見之明的洗禮。

愛因斯坦大可在不知道物質的質量或狀態的情況下，嘗試建立一座城堡。年輕時的他相信自己單從自然的物質層面就能打造城堡，而不是生命層面。但是愛因斯坦不是生物學家，也不是醫生。出於自身的愛好與教育，他深深著迷於數學、方程式與光粒子。這位偉大的物理學家把人生最後五十年用來尋找可以連結各個宇宙的大統一理論，可惜最後沒有實現願望。真希望當初他走出普林斯頓大學的辦公室後，曾經站在池塘旁邊觀察小魚浮上水面，跟他一樣深深凝視著與自己緊密相關的浩瀚宇宙。

## 從太空到永恆

愛因斯坦的相對論完全符合更寬鬆的空間定義。物理學裡有幾個理論的確暗示著必須重新思考空間才能繼續前進：量子論中觀察者的曖昧角色、宇宙觀察暗指的非零真空能、廣義相對論在小尺度完全無用等等。在此我們或許能指出一個令人不安的事實：**生物**意識所感知到的空間距離我們依然相當遙遠，而且至今仍是了解最少的自然現象。

如果你認為愛因斯坦的狹義相對論讓「空間」的外在性與獨立性成真，因此物體之間絕對是分離的（而且量子論所說的**局域性**同樣為真，所以不用再去思考空間的概念），那麼我們必須再次強調對愛因斯坦來說，空間只不過是我們透過經驗用固態物體去測量出來的東西。與其耗費五、六頁的篇幅，從技術的角度說明為什麼不需要客觀的外在「空間」也推導得出相對論，附錄二說明了狹義相對論的基本場公設與特性。當我們這麼做的時候，就已經把空間拉下寶貴的王位。隨著科學愈趨統一，希望我們有能力解釋意識與理想化的現實情況；讓我們追查量子力學的線索，因為這些線索已清楚證明觀察者的決定與現實系統的演化息息相關。雖然意識終有一天會被充分了解，並出現定義意識的理論，但是意識的結構顯然屬於自然的物理邏輯，也就是基礎的統一場。意識不但受到場的影響（感知外在實體、體驗加速與重力的效應等等），也會對場產生影響（了解量子力學系統、建立座標系去描述光的關係等等）。

與此同時，還有各式各樣的理論家試著解決量子論與廣義相對論之間的矛盾。雖然幾乎沒有物理學家質疑統一論能否實現，但是傳統的時空觀念顯然只會製造問題，無法解決問題。在諸多問題中，物體與場的現代觀已融合在一起，變成一場永遠不會結束的躲貓貓。根據量子場論的現代觀，空間有屬於自己的能源含量（energy content），還有以量子力學為木質的結構。科學漸漸發現**物體**與**空間**之間的界線愈來愈模糊。此外，一九九七年至今的量子糾纏實驗都對空間的意義提出質疑，並且不斷探討糾纏粒子實驗的**意義**。其實只有兩個可能性：第一顆粒子以遠超過光速的速度傳遞自己的情況，也就是無限大的速度，而且是用一種我們完全猜不到的方式傳遞資訊；第二種可能是雖然表面上看似分開，其實粒子對並未分開，就算中間隔著看似空無的一整個宇宙，依然維持著聯繫。因此，這些實驗以科學的方式證明了**空間是錯覺**。

宇宙論家說大霹靂發生時，萬物緊緊相連且同時誕生。所以用傳統的比喻來說，儘管看似隔著空蕩蕩的空間，萬物原本就是彼此糾纏的親戚，而且彼此之間直接相連。

空間真正的本質到底是什麼？空無一物？充滿能量所以等同於物質？真實？虛假？獨特的活性場？心智場？除此之外，如果你接受外在世界只存在於心智和意識中，而且此時此刻是你的大腦內部在認知「外在事物」，那麼萬物**當然**是彼此相連的。

## 光行差效應

另一件怪事是在高速運動時，尤其是接近光速的狀態下，宇宙裡的**一切**似乎會停留在相同的地方，緊緊相連且毫無差別，就在正前方等待。這個奇特的皺摺來自光行差效應（aberration）。如果開車穿過一場暴風雪，會發現雪片似乎朝我們直衝而來，而且雪片幾乎不會打在後車窗上。光也是一樣。地球以每秒十八哩的速度繞行太陽，所以恆星會偏離實際的位置弧秒。速度加快，光行差效應也會隨之增強；當速度接近光速時，整個宇宙會變成一顆閃亮無比的圓球，等在我們的正前方。此時如果看向窗外，只會看見奇怪的一片漆黑。這個例子的重點是：如果物體的經驗因為外在條件而劇烈改變時，這個物體就不是基本物體。光或電磁能在任何情況下都不會改變，因為它們是實相的內蘊存在。相對地，空間**似乎**會因為光行差而改變外貌，而且**真的**會在高速的情況下縮短，讓宇宙兩端變成只有幾步之遙，**就表示空間不是內蘊的結構，更加不是外在的結構。**空間是經驗的產物，會隨著不同的情況改變。

這件事與生命宇宙論的關聯是：當我們不再把時間與空間視為實體，而是主觀的、相對的、由觀察者創造出來的現象時，就能打破外在世界存在於獨立架構的觀念。如果外在的客觀宇宙裡沒有時間也沒有空間，那麼它**到底**在哪裡？

在此，我們要提出生命宇宙論的第七法則：

生命宇宙論第一法則：我們感知到的真實是一個與意識有關的過程。「外在」現實如果存在的話，依照定義應該會存在空間之中。但這是毫無意義的，因為空間與時間都不是絕對的真實，而是人類與動物心智的工具。

生命宇宙論第二法則：外在感知與內在感知密不可分。兩者猶如硬幣的兩面，無法分割。

生命宇宙論第三法則：次原子粒子的行為（意即所有的粒子與物體）與觀察者息息相關。少了有意識的觀察者，它們充其量只是處於一種尚未確定的機率波狀態。

生命宇宙論第四法則：少了意識的存在，「物質」處於尚未確定的機率狀態。意識存在前的任何宇宙只可能處於一種機率狀態。

生命宇宙論第五法則：宇宙結構唯有透過生命宇宙論才能解釋。宇宙專為生命量身打造，這一點合情合理，因為生命創造宇宙，而非宇宙創造生命。宇宙只是自我的全套時空邏輯。

生命宇宙論第六法則：少了動物的感知，時間根本不存在。我們用時間這種過程來感知宇宙內的變化。

**生命宇宙論第七法則：空間跟時間一樣，並非物體或東西。空間是動物理解的一種形式，不具有獨立的真實性。我們隨身攜帶空間與時間，就像烏龜背負著龜殼。因此沒有生命，事件就沒有絕對獨立存在的基礎。**

第十二章

# 幕後推手

## ——遇見盧瑞亞博士

我早就想認識諾貝爾獎得主了，我想知道那會是怎樣的場景。我應該會先自我介紹：「不好意思，愛因斯坦教授，我叫羅伯・蘭薩。」

## 直奔哈佛大學毛遂自薦

高中畢業後不久，我又去了一趟波士頓。當時我正在找暑期打工，投了履歷去麥當勞、當肯甜甜圈，甚至連下城區的科可蘭製鞋廠（Corcoran's）都投了。但是這些地方都沒有職缺，於是我想再到哈佛醫學院去找個打工機會。這個想法還在我腦海打轉的時候，我人已經在哈佛廣場站下車。

我也不知道當時怎麼會有這個想法。回想起來，我應該早就想這麼做了，而且一切顯得相當自然。我早就想認識諾貝爾獎得主了，我想知道那會是怎樣的場景。我應該會先自我介紹：「不好意思，愛因斯坦教授，我叫羅伯・蘭薩。」然後我試著想像詹姆斯・沃森（James Watson）的長相，因為我忽然想起他在哈佛教書。他跟佛朗西斯・克里克（Francis Crick）一起發現了DNA的結構，也是科學史上的偉人之一。我決定立刻前往他的實驗室，但是到了他的實驗室才發現他最近剛剛接受紐約的冷泉灣實驗室主任一職。我知道自己不可能見到他時，只能茫然失措地坐下。接下來該怎麼辦？

「加油，傷心是沒有用的！」我告訴自己：「畢竟我都跑來波士頓了。」

我開始回想自己所知的諾貝爾獎得主。「我確定伊凡・巴夫洛夫（Ivan Pavlov）、弗雷德里克・班廷（Frederick Banting）與亞歷山大・弗萊明爵士（Sir Alexander Fleming）都不在哈佛，因為他們都已過世。我也確定漢斯・克雷布斯（Hans Krebs）不在這裡，因為他在牛津大學。

喬治・沃爾德（George Wald）一定在這裡，沒錯，我確定！他因為發現眼睛的視覺過程跟霍爾登・哈特蘭（Haldan Hartline）、拉格納・格拉尼特（Ragnar Granit）共同獲得諾貝爾獎。」

黑黑的走廊散發著一股霉味。我走到沃爾德博士的實驗室門口時，門剛好打開。一位女士走了出來。

「不好意思，小姐，請問你知道沃爾德博士在哪裡嗎？」

「他今天請病假，」她說，「但是他明天應該會來學校。」

「那樣就太遲了，」我一邊說，一邊試著理解諾貝爾獎得主也是會生病的，「我只會在波士頓待幾個小時。」

「我今天下午會跟他通電話，要不要幫你轉達？」

「沒關係。」我說，接著向這位好心的女士道謝，轉身離開。

## 轉戰麻省理工學院，改變一生

該回家了，回到斯托頓，回到麥當勞跟當肯甜甜圈的世界。我穿過哈佛廣場，很快就跳上火車。「真希望波士頓有更多諾貝爾獎得主，」我愈想心情愈沉重。我開始重新思考，因為波士頓有很多學院跟大學，有些只在國內有名，有些則是國際名校，其中最重量級的應該是麻省理工學院（Massachusetts Institute of Technology）。麻省理工學院最近擴充了學術研究的範疇，不再限於理工技術。除了技術與工程，在生物科學方面也做出了重大貢獻。

所以我在肯德爾廣場站（Kendall Square）下了火車，直接前往麻省理工學院。我已經很久沒有來這裡了（上一次是為了科展在這裡碰見庫夫勒博士），一開始還有些茫然，但我很快就找到方向。

第一個問題當然是「這裡有沒有諾貝爾獎得主？」街尾矗立著一棟龐大的建築，有巨大的圓頂與圓柱。標示上寫著「麻省理工學院」。裡面有一個資訊小亭。

「請問一下，」我說，「麻省理工學院裡有諾貝爾獎得主嗎？」

「當然，」小亭內的男子答道，「薩爾瓦多．盧瑞亞（Salvador Luria）跟葛賓．科拉納（Gobind Khorana）都是。」

我根本不知道這兩位是誰，也不知道他們是做什麼研究的，但我想若能跟他們碰個面應該很棒。

「最有名的是哪一位？」

男子沒有回答。我敢說，他一定覺得這個問題很奇怪。「盧瑞亞博士，」坐在他旁邊的男士說，「他是癌症研究中心的主任。」

「你知道他在哪裡嗎？」

他查閱了通訊錄，然後寫下：「薩爾瓦多．盧瑞亞，E17大樓。」

我以正式介紹信的心情拿著這張紙條興奮地離開，迅速穿過校園，直奔他的辦公室。他的一位祕書坐在櫃檯，手裡翻閱著資料。我很害怕，怕到只能把紙條拿起來再看一次。

「不好意思，」我說，「我能見見薩爾瓦多博士嗎？」

「你是說盧瑞亞博士嗎？」

我露出僵硬的笑容（我已盡力，因為我覺得自己是個蠢蛋）。

「沒錯！」

「你有預約嗎？」

雖然她一眼就知道我是個年輕男孩，但是我努力讓自己不那麼手足無措。

「沒有，但是我希望能很快地請教他一個問題。」

「他今天一整天都得開會。」她眨了眨眼後又說，「但也許你可以在午餐時間跟他聊聊。」

「謝謝，」我說，「午餐時間我會再過來。」

我沒有足夠的時間看完他所有的科學論文，但是我在他辦公室附近的一棟建築裡找到圖書館。我發現他與馬克斯．德爾布呂克（Max Delbrück）和阿弗雷德．赫希（Alfred Hershey）剛剛在一九六九年獲頒諾貝爾獎，得獎原因是他們在病毒與病毒疾病上的發現為分子生物學奠基。

我常常覺得等待午餐的時間過得特別慢，但是這一天的時鐘似乎被膠水黏住了。時鐘走得像蝸牛移動一樣緩慢。

「我回來了，」我說，「盧瑞亞博士在嗎？」

祕書點點頭。「他在辦公室裡，直接敲門就行了。」

「你確定嗎？」我有點害羞。

「對啊，快去吧。他的時間不多。」

敲門時，我的胃翻絞了一下，害我極度緊張，甚至萌生退意。

「請進。」

我目瞪口呆地看著他。他就坐在我面前吃午餐：應該是花生奶油果醬三明治。這就是學術天才吃的東西嗎？

「你是誰？」他的聲音聽起來好像快生氣了。

我的心情宛如走向奧茲大帝的膽小獅子，嚇得滿頭發熱。

「我叫羅伯．蘭薩。」

「誰介紹你來的？」

「沒人介紹我。」

「你的意思是說，你來這裡只是心血來潮？」

這樣的開場真是令人憂心。

我說：「我……我正在找工作，博士。我曾經跟哈佛醫學院的史提芬．庫夫勒博士合作過，我想知道你是否需要人幫忙。」我想提一提庫夫勒博士的名字可能有幫助，因為我不知道該對他說些什麼，說不定會有幫助。我當時太年輕，還不知道說自己認識重要人物的威力。

「請坐，」他的語調突然變得很客氣。「史提芬．庫夫勒？他人很好。」

我們談話時，他的一雙大眼睛炯炯有神。我說了自己在地下室做的實驗，以及幾年前跟庫夫勒博士相遇的經過。

「我現在不太做研究了，」他說，「大部分都是行政工作。但是我可以幫你找個工作，我保證。」

我向他道謝，不敢相信一切結束得如此簡單迅速。

「好吧，」他說，「我這麼做是有點傻。」當時我還不知道他把一個從大街上闖進他辦公室的小伙子，放在一長串校內申請者名單的最前面。

在當時的情況下，我只能為了給他造成不便道歉。

我回到斯托頓時正值黃昏。隔壁鄰居芭芭拉正在花園裡忙，我向她跑去。

「我找到工作了，」我說。「猜猜是哪裡？」

「是電影院吧！」（因為我非常想在電影院工作，可是投了履歷卻沒有回音。）

「不對！再猜。」

「讓我想想……麥當勞？當肯甜甜圈？我猜不到。」

我把那天發生的事告訴她。說完後，她毫無意外地拍手歡呼。「喔，羅伯，我太開心了。盧瑞亞博士是我崇拜的英雄之一，聽說他在和平集會上發表了演說。」

隔天我回到麻省理工學院。經過生物學大樓時，我聽見有人叫我，抬頭一看是盧瑞亞博士。「羅伯！嗨！」我不敢相信他記得我的名字。「快跟我一起來！」

我跟著他走進門口、穿過走廊，我們走進一間辦公室，我想應該是人事部主任的辦公室。接下來盧瑞亞博士說的話使我大感震驚：「他想做什麼工作讓他自己選。」

他轉頭對我說：「你太煩人了。有一百個麻省理工的學生都想在這裡工作。」

但是我得到一份工作，這件事改變了我的人生。我在理查・海因斯博士（Richard Hynes）的實驗室工作，他當時只是助理教授，手下只有一名研究生跟一名技師。海因斯博士後來接任盧瑞亞博士的主任職位（麻省理工學院的癌症研究中心），成為美國國家科學院的成員，躋身全球最偉大的科學家之列。當時海因斯博士正在研究一種新的高分子量聚蛋白質，後來被稱為「纖網蛋白」。在那裡工作時，當我在變形的「類癌症」細胞裡加入纖網蛋白，它們就會恢復正常的型態。我把細胞拿給盧瑞亞博士看，他說，這是他一整個星期下來看過最令人振奮的事。我在那裡做的研究，最後發表在《細胞》（*Cell*）期刊上，這是全球最有分量、最常被引用的科學期刊之一。

童年這段逃離現實、奇特又多變的歲月，已變成遙遠的回憶。

第十三章

# 心智風車

## ——邏輯和語言有其局限，無法全面理解宇宙

你偶爾會發現動物學教科書的開頭似乎喜歡帶領著毫不知情的讀者，從那個熱氣蒸騰的小池子或是充滿有益化學物質的大海熔爐一下子跳躍到充滿生命的世界，態度堅定、速度飛快，讓讀者毫不費力就認定這件事絲毫不神祕，或是就算神祕，程度也微乎其微。

——羅倫 · 艾斯里（Loren Eiseley）

# 語言和邏輯的限制

## 自然發生論早就被推翻了

當宇宙論家、生物學家和進化論者說宇宙（以及自然定律）是毫無來由在某天突然出現的時候，他們自己似乎一點都不驚訝。或許我們應該回顧一下弗朗切斯科・雷迪（Francesco Redi）、拉扎羅・斯帕藍薩尼（Lazzaro Spallanzani）與路易・巴斯德（Louis Pasteur）的實驗，這些基礎的生物學實驗推翻了自然發生論（spontaneous generation），也就是生命忽然「砰」地一聲從死物質中自動出現（例如腐肉長出蛆、泥巴裡冒出青蛙、舊衣堆裡跑出老鼠），而且不會犯下跟宇宙誕生之時相同的錯誤。

傳統科學在處理基本問題時，除了在根本上不合邏輯，還有另一個更基礎的問題：那就是語言的二元性、我們的思考方式以及邏輯的限制。正如少了感知（也就是意識）就無法正確察覺宇宙裡發生的事，如果我們缺乏自然的概念以及**討論**跟**理解**的工具（也就是語言和理性心智），就無法正確地討論跟理解宇宙。畢竟此刻我們正在閱讀，而閱讀的內容是否有意義都發生在閱讀的媒介裡。如果這個媒介裡存在著偏見，我們應該至少會發現才對。

很少有人會停下來思考，邏輯跟語言做為我們用來追求知識的工具，是否也有界限。隨著量子論在日常生活中的技術應用愈趨頻繁，例如穿隧顯微鏡（tunneling microscope）和量子電腦，積極應用量子論神奇現象的人，經常面對它不合邏輯或非理性的本質，卻選擇視而不見。他們只關心數學與技術上的應用。他們的目的是完成工作，至於這背後的**意涵**就留給科學哲學家去解決。此外，不需要了解量子論也能享受它的好處，這是從古至今眾所周知的道理。

## 二十世紀最重要的發現：違反邏輯的「疊加」

愈常接觸量子論，它就會變得愈神奇（意思是違反邏輯），甚至超越了前幾章討論過的實驗。為了說明這一點，請回想一下在日常生活中，選擇通常會被縮減成幾個特定的可能性。如果你在找貓，牠可能在客廳裡或是不在客廳裡；又或者是一部分在客廳裡，一部分不在客廳裡——如果牠剛好躺在門口睡覺的話。只有這三種可能，沒有人想得出其他可能性了。

但是在量子世界裡，當粒子或光子從A點移動到B點，再加上可以反彈的鏡子，它能選擇兩條路徑的其中之一前往目的地，於是神奇的事就這樣發生了。

使用可阻擋的鏡子所做的嚴謹實驗發現，粒子既沒有走路徑A也沒有走路徑B；它也沒有一分為二，同時選擇兩條路徑。它兩條路徑都沒選。這是我們能想到的唯一三種選擇，但是這顆電子違背邏輯，它做了另一個選擇，一個我們難以想像的選擇。粒子做出這種看似不可能的事，就是所謂的疊加。

疊加在真實的量子宇宙裡是家常便飯，但是它們之所以顯得不尋常，是因為它們無疑證明了我們的思考方式並不適用於宇宙的所有環節。此一發現意義重大，不但在人類史上獨一無二，而且絕對是二十世紀最重要的發現。

## 語言裡充滿大量的矛盾

熱愛邏輯與探索邏輯矛盾的古希臘人經常想出各種難題、尋找各種矛盾，例如龜兔賽跑。你應該還記得：假設比賽的長度是兩哩，而兔子的速度是烏龜的兩倍。讓烏龜先跑一哩（希臘人應該會用斯塔德〔Stade〕）這個長度單位，但我們就別那麼挑剔了吧）。當兔子跑了一哩時，烏龜跑了半哩，因為兔子的速度是牠的兩倍。兔子再往前跑半哩，這時烏龜又多跑了四分之一哩。兔子跑完這四分之一哩後，烏龜又前進了八分之一哩。照這個邏輯看來，兔子應該永遠追不上烏龜。雖然兩者之間的距離漸漸縮短，但是烏龜永遠都會領先一點。我們知道這並非事實，但是這個邏輯推導出來的結論沒有明顯的瑕疵。希臘人還發現一種能證實一加一等於三的邏輯方法以及各式各樣的好東西，這很可能是在舒服的愛琴海氣候裡充分休息後的結果。

還有這個，跟一個獲判有罪的囚犯說：「快招供！如果說謊，你將會被吊死。如果說實話，你將會被劍刺死。」結果這名囚犯說：「我將會被吊死！」經過一番絞盡腦汁的討論後，獄卒們不得不釋放囚犯。語言裡充滿大量矛盾，只是我們無視這些矛盾。如果你問一個人，人死後會變成怎樣，常見的答案是：「我想應該什麼都沒有。」（I think there will just be nothing.）

這句話看似成立，但是我們之前說過「to be」（存在）跟「nothingness」（空無）是互相矛盾的。你不可能成為空無。這兩個字經常被放在一起，於是我們變得麻木，以為這樣的組合完全成立也合乎邏輯，但事實上它毫無意義。

以上的例子都是為了提醒大家特別注意語言和邏輯。兩者都是能滿足特定目標的工具，而且都很好用，例如用在「請把鹽遞給我」這類簡單的溝通。可是每一種工具都有用途，也有限制。例如，當我們發現門柱上突出一根釘子，翻箱倒櫃想找工具把它敲回去時，卻只找到一把老虎鉗。我們真正需要的是一把鎚子，可是我們懶得花時間去找鎚子，所以就用老虎鉗的邊緣去敲釘子。這麼做效果不好，我們很快就把釘子敲彎而不是敲進門柱裡，因為我們用錯了工具。想要了解量子論，邏輯和口語都是錯誤的工具。用數學工具就適合多了（不過數學工具只能讓我們知道運作原理，無法說明原因）。邏輯也無法用來討論那些沒有比較級的事情。我們告訴朋友清朗的秋季天空是多麼湛藍美麗，但是對天生眼盲的人來說，這樣的形容當然毫無意義。語言和思考都需要經驗或比較基準才能進行。本書作者之一看過一件T恤上印著石原氏色盲測驗圖，那是由許多顏色柔和的小點形成的圖案。對我的色盲友人來說，那只是一個毫無意義的圖案；但是沒有色盲的人看到的是「色盲去死」(Fuck the colorblind)。

## 邏輯跟語言無法理解宇宙整體

在最深刻的宇宙問題面前，我們就是色盲。因為宇宙整體，也就是自然與意識的總和，完全沒有比較基準；沒有另一個一模一樣的宇宙，而且我們的宇宙也並不存在於任何基礎或環境之中，所以我們的邏輯跟語言都缺少有意義的方法去理解或想像宇宙。如此嚴重的限制應該非常明顯才對（當人們問擴張的宇宙會變成什麼樣子時），但是多數人卻沒有發現。這或許有些奇怪，因為幾乎每個人都碰過語言無法派上用場或觀念難以想像的情況，而且通常會因此感到挫折，例如發現自己完全無法想像無限大、永恆或毫無邊界或中心的宇宙。當一隻貓既不在房間裡又不是不在房間裡，既不是一部分在房間也不是一部分在房間外，我們的智力就會撞牆。我們知道有「另一種答案」，而且量子實驗都具有可重複性，所以它們必定擁有內蘊的邏輯，只是跟我們的邏輯不一樣。

在力學與數學之外，我們想要探索的每一個宇宙層面都會因為語言而受到限制。我們看過針對巨觀任務（例如點一個起司漢堡或要求加薪）而演化的大腦／邏輯機制完全無法理解微觀世界的行為，或是理解尺度最大的事情。雖然這件事令人深受啟發也讓人驚訝，但或許這一切不無道理。如果一個化學家分開研究有毒的氯和遇水會爆炸的鈉，他永遠猜不到氯跟鈉形成的氯化鈉有何特性；氯化鈉就是食鹽。這種化合物突然出現，而且不但不是毒藥，還成為生活必需品。此外，氯化鈉碰到水也不會有激烈反應，只會靜靜地融化！只研究兩種成分的個別特性，絕對猜不到這個「巨觀的真相」。同樣地，如果支配一切的意識形成了某種超宇宙（meta-universe），就算我們研究這個超宇宙的組成物，它還是會有無法預料的特性。

## 宇宙是無法預料的無形之物，只能用弦外之音的方式，靠本能去理解

在生物宇宙論的討論過程中，有幾個重點一再出現，心智的思考一碰到這些重點就像撞上一面空白的牆，這面牆後存在著矛盾，或者更糟的是，什麼都沒有。我們希望大家不要因此就否定

生物宇宙論，就好像我們不會因為難以想像大霹靂是時間的起點，就認為它是錯的。不會有人因為沒人知道新的意識如何「形成」，就宣稱人類不可能誕生。未解之謎不能當成反證。說生命宇宙論提出的觀點難以置信，顯然是一種逃避，這種行為無異於結構工程師說自己無法知道他檢查的建築會不會被強風吹倒。誰能接受這樣的心態？但是探尋宇宙的整體，如我們所見，在本質上是一場完全不同的探險。人類的邏輯系統顯然不是針對這個目的而設計，因為它在微觀的量子世界面前毫無招架之力。那根頑強的釘子一直困擾著我們，無奈我們手上只有老虎鉗，所以只能儘量加以善用。

因此，閱讀本書所面臨的思想挑戰超越一般，再加上生命宇宙論的邏輯與證據，奇特的無形之物，只能設法用「弦外之音」的方式靠本能去理解其深意。不是每個人都願意為了尋求知識在不熟悉的地方、翻開原本固定不動的石頭。

不過，這完全不是前所未見的困境。生命裡充滿有形的危險與顯而易見的危險行為，例如在酒吧裡打架或出於衝動而結婚，但是很少有人會因為一件事「感覺不對勁」就不敢去做。相反地，還沒有人解釋過愛是什麼；可是說到要激勵一個人的行為，幾乎沒有任何經驗比得上愛。**邏輯經常被本能打敗。**

生命宇宙論一如其他東西，有屬於自己的邏輯界限，就算它能為事物的存在狀態提供最棒的解釋也一樣。因此，我們或許能把它視為一個起點，而不是終點；它是一扇門，能帶我們用更深刻的方式去解釋和探索自然跟宇宙。

第十四章

# 從天堂墜落

## ——意識真的可以被消滅嗎？

目前的科學世界觀無法為怕死的人提供希望，也無法讓他們擺脫死亡。但是生命宇宙論提出另一種看法。如果時間是錯覺，如果實相是我們自己的意識產物，這種意識真的可以被消滅嗎？

我居住的十英畝小島景色優美，水面上有樹和花的倒影。十五年前我買下這處產業時，這裡被漆樹和灌木叢澈底淹沒，看不見池水也看不到太陽，而我住的小紅屋也非常破舊。我記得有個貨車司機把灌木和殘樹裝上車，當時我穿著工作服，身上因為挖洞沾滿了泥土。司機轉向我說：「這個屋主顯然在植栽跟景觀設計上花了大把鈔票。他幹嘛不乾脆把這棟爛房子拆掉，重新蓋一棟新的。」

我家的入口本來像個泥巴坑，現在像一座葡萄園。一條窄窄的鵝卵石步道穿過堤道後消失在遠方。種植幾百棵樹、鋪設幾千顆石頭非常辛苦。池塘另一頭的房舍現在是閃亮的白色，樓高三層，屋頂都有平臺，銅製圓頂在陽光下閃耀光芒。島上住著天鵝、隼和狐狸，甚至還有一隻跟狗差不多大的土撥鼠。

但如果沒有丹尼斯．帕克（Dennis Parker）的協助，我一定無法整修。丹尼斯是當地的消防員，在這座小鎮土生土長。我們一起種的樹已長到超過二十五呎高。紫藤剛種的時候只有幾呎高，現在已經覆蓋住三十五呎長的棚架，這座棚架是多年前我們專為紫藤搭設的。島上的兩棟房子與一間溫室相連，溫室裡已長滿了熱帶雨林，你需要拿一把大砍刀才能穿過棕櫚樹與大鶴望蘭（white birds of paradise），因為空間不足，這些植物已緊緊貼著十六呎高的天花板。

## 意外墜地，在生死之間徘徊

丹尼斯住在溫室另一頭。他和八位兄弟姊妹在當地的一棟國宅裡長大。他在一九七六年加入克林頓消防隊，一存夠錢就立刻買房子讓全家人搬過去。千萬別誤會，他有時候相當嚴厲、難相處，所以他對親朋好友的關心才會那麼一針見血。超過四分之一個世紀以來，丹尼斯隊長一直是個盡責的消防隊員。曾經有一輛汽車掉進水面結冰的池塘裡，他穿上潛水裝備把那輛滅頂車內的男子拉出水面（雖然為時已晚）。不過，大部分的工作沒那麼戲劇化。例如，有次他接到老人社區打來的電話，一位老婦人烤蘋果派時，因為蘋果派滿出來而觸動了火警警報。她感到非常不好意思，還讓女兒送蘋果派到消防隊給丹尼斯跟隊友。

大約三年前，我問丹尼斯能否幫我鋸掉一段樹枝。那段樹枝離地約二十五呎，但他可是個爬梯子高手，除了爬梯子滅火，偶爾還得爬梯子救困在樹上的貓。那是個星期五的傍晚，他拿著電鋸開始鋸樹枝。「丹尼斯，」我懇切地提醒他，「請千萬小心。做這件事是為了好玩，我可不想一整晚耗在急診室裡。」我們兩個都笑了。幾秒後，我看見巨大的樹枝開始搖晃。才不過幾秒光景，樹枝就像夯實用的粗棍用力擊中他的頭，讓他的大腦立刻大量出血。「丹尼斯！」他摔下來時我大聲喊他，但是唯一的回應是他落地的可怕巨響。電鋸仍在運轉，但是丹尼斯垂倒在樹枝上的身體就像一個破娃娃。他翻白眼、舌頭伸出嘴外，雙眼腫脹。

我有個從小到大的好朋友是鐵匠，是個孤兒。他過世前不久對我說：「羅伯，朋友跟家人不一樣，因為朋友是你自己選的。」

丹尼斯是我一輩子最好的朋友之一。此刻他的雙臂無力地垂在樹枝上。他已經沒有脈搏跟呼吸。「天啊，」我說，「他不可能死掉。」我心想在沒有氧氣的情況下，他的大腦還可以撐個幾分鐘，所以我沒有為他做心肺復甦術，而是衝進房子裡打九一一。

丹尼斯終於開始呼吸，一側的幾根手指動了動。救護車把他送往醫院的途中，我就坐在前座。當時馬路正準備重鋪。雖然他的神志尚未完全清醒，但是馬路上的每一個起伏都讓他因為疼痛而大叫，宛如恐怖電影。除了全身上下多處骨折，原來他的腕骨也被掉落的樹枝砸碎了。他之所以那麼痛，是因為急救人員為了固定他的身體，用全身的力氣緊握他的雙手手腕。

他的牛仔褲被剪開，身上也插了管子，用直昇機送往麻州大學醫學中心（UMass Medical Center）。因為我是醫生，他們允許我進入急診室。急診室人手不足，而且愈晚情況愈混亂，因為直昇機又送來更多病患。監控丹尼斯生命跡象的設備曾一度發出紅色「危險」警報，但是他們只能對他視而不見，因為他們必須處理另一位剛剛送到的病患。我聽見護士打電話去加護病房求救，她說：「直昇機還會送來兩個病患，我們無法騰出手處理他。」問題好像出在他們已經等了五個多小時，後勤部門還是沒有派人去換加護病房空床位的髒床單。

丹尼斯躺在急診室的角落，正在生死之間掙扎徘徊，而我走到休息室通知他的家人。這是我第一次同時看見他們全家人。我走進病房時，他們立刻衝過來問我丹尼斯的情況。我說醫生不確定他能否活下來。我話還沒說完，就看見丹尼斯十三歲的兒子班（Ben）失控啜泣。他的妹妹，我這輩子見過最堅強的人，幾乎癱軟倒下。

## 意識不死

有幾分鐘的時間，一切顯得很不真實。我覺得自己像個全知的大天使，超越了狹隘的時間。我的一隻腳站在被淚水包圍的現在，另一隻腳站在生物學的池塘裡，我轉頭迎向太陽的光芒。我想起了那隻小小的螢火蟲，還有每一個人（其實是每一隻動物）都是由多重的物質現實所組成的，這種現實穿過他們自己創造的時間與空間，就像穿門而過的鬼魂一樣。我也想到了雙狹縫實驗，電子可以同時穿過兩道細縫。我無法質疑這些實驗的結果。從巨觀的角度來說，丹尼斯既生且死，時間對他而言並不存在。

距離丹尼斯的墜地意外已過了將近三年，幾個星期前，他兒子班參加了一場美式足球賽（班現在是高中美式足球隊的隊員）。班成功達陣後，露天看臺上的父母興奮歡呼。班知道他的父親一定會深感驕傲。

班剛滿十六歲，現在的他滿腦子只有一個念頭：拿到駕照後要開什麼車。丹尼斯讓班以為他會讓班開那輛上了年紀的福特探險家，那輛車里程數將近二十萬哩。「老爸，」班問過他，「你不會把探險家給我，對吧？」昨晚在班的生日派對上，丹尼斯給了班一個驚喜：車鑰匙。這輛車屬於班，而且配備齊全，甚至還有加熱式座椅。此刻他正在外頭沖洗車身上的泥土。

目前的科學世界觀無法為怕死的人提供希望，也無法讓他們擺脫死亡。但是生命宇宙論提出另一種看法。如果時間是錯覺，如果實相是我們自己的意識產物，這種意識真的可以被消滅嗎？

# 第十五章

# 創造的基石

## ——心智與大自然合而為一的瞬間

電波望遠鏡與超大型加速器只不過延伸了心智的感知。我們只看得到成品，卻看不到事物如何互相凝聚成一個真實的整體，更看不到美好的十二月早晨、所有感覺合而為一的短短五秒鐘。

# 由觀察者決定的世界奠基於神經元，而非原子

我才剛發表了一篇科學論文，率先證明有一種重要的眼睛細胞是可能被製造出來的，可用來治療失明。隔天早上我出門上班，一如往常有點來不及，車子開到停車場大門時，我的時速比速限十五哩快出許多。那一刻，我突然有一股踩煞車的衝動，繞過一輛停下來盤查路人的警察巡邏車。「真是倒楣，旁邊剛好有一輛巡邏車。」我想。我相信自己一定會被逮捕。我繼續開進停車場，把車停在最遠的角落，希望警察忙到沒空注意我或是來追我。我心跳加速，匆忙跑進大樓裡。「謝天謝地，」我邊想邊回頭張望，「警察沒有追來。」

## 一位憂心的父親

安然進入辦公室後，我冷靜下來開始工作，忽然聽見敲門聲。是鍾陽，我手下的一名資深科學家。「蘭薩博士，」他的聲音帶著一絲驚慌，「櫃檯有一位警官要找你，他帶著手銬跟手槍。」

我走向身著制服的警官時，實驗室裡起了一陣小小騷動。我的同事都很擔心他會把我上銬帶走。「博士，」他用嚴肅的聲音說，「方便在你的辦公室裡談話嗎？」

「看來情況很嚴重。」我心想。進入辦公室後，他語帶抱歉地問我是否有時間跟他討論他在《華爾街日報》(*Wall Street Journal*) 上看到的研究突破。(他攔下停車場的行人，是為了詢問我

們公司的地點。）他說有一群父母常在網路上交流最新的醫學突破，希望能找到幫助孩子的方法，他也是其中之一。他代表這群父母來找我，因為他發現我剛好也住在麻薩諸塞州的烏斯特市（Worcester）。

他正值青春期的兒子罹患了退化性眼疾，醫生認為他幾年後就會失明。他說家族裡有個親戚也是在差不多的年紀罹患這種眼疾，現在已完全失明。他指著辦公室地上的一個紙箱說：「現在我兒子還能看見那個箱子的輪廓，但是時間不多了……」

他說完自己的故事時，我的眼眶已泛淚。這種事特別令我難受，尤其是知道我手上的冷凍細胞或許能幫忙治療他的兒子。這些細胞已在冷凍庫裡放了九個多月。我們沒有進行動物實驗所需的兩萬美元經費，做完動物實驗才能證明這些細胞是否有用。（這個金額差不多是軍方買一支鎚子的預算）。遺憾的是，我們還得再等一、兩年才能拿到足夠的資源，證明這些細胞（病人身上也將使用相同的人類細胞）可以挽救即將失明的動物視覺功能。跟對照組相比，實驗組的視覺功能（也就是視覺銳度）達到百分之百的改善，而且沒有任何明顯的副作用。撰寫本書的此時，我們正在與美國食品暨藥品監督管理局討論，要在罹患視網膜退化症的病人身上進行臨床實驗，包括影響全球三千多萬人的黃斑部退化症。

## 神經迴路的邏輯早已將感知包含在內

然而這些細胞不只可以預防失明，還有更神奇的一面。把這些視網膜細胞放在相同的培養皿裡，我們也能看見光受器（photoreceptor）的形成，也就是視錐細胞和視桿細胞，甚至還會形成迷你「眼球」，彷彿在顯微鏡的另一端盯著你看。這些實驗都先從胚胎幹細胞（embryonic stem cell）著手，也就是人體的種源細胞（master cell），它們會自動製造各種神經細胞，幾乎可說是一種內建機制。神經細胞是它們想製造的第一種人體細胞。事實上，我在實驗室裡看過神經元長出數千個樹枝狀分支，藉此與鄰近的細胞溝通。這個溝通網絡非常龐大，一顆細胞得拍十幾張不同的照片，才能捕捉到全貌。

從生命宇宙論的觀點看來，這些神經細胞就是實相的基本單位。它們是大自然最想製造的第一樣東西，製造出來後就能任其自由發展。由觀察者決定的世界奠基於神經元，而非原子。

這些細胞在大腦形成的迴路包括時間與空間的邏輯。它們是心智的神經基礎，連接周邊神經系統與感覺器官，包括培養皿裡生長的光受器。因此，它們涵蓋我們觀察到的一切，就像DVD播放器把資訊送到電視螢幕上。閱讀印在這張書頁上的文字時，你會自動忽略距離眼前的書頁紙，這張紙的畫面**就是**感知，神經迴路的邏輯早已將它包含在內。與感知相關的現實涵蓋一切，只是語言把外在和內在切割成兩個地方。這個神經元和原子的母體，是不是從心智的能場裡製造出來的？

## 所有感覺是如何合而為一的？

人類探尋宇宙本質已長達數千年，這是一個非常奇特多變的過程。雖然目前的主要工具是科學，但是助力有時會以出乎意料的形式出現。我記得那天沒什麼特別的事發生，大家都還在睡覺或是在醫院裡值早班。「沒關係，」我一邊這麼想一邊倒咖啡，熱氣在廚房的窗戶上凝結成霧，「反正我已經遲到了。」我刮掉霧氣形成的冰晶。我的視線越過空地，彷彿能看見成排路樹的基礎結構。清晨的陽光斜斜地照耀在光禿禿的樹枝和一小堆枯葉上。這個景象給人一種神祕感，我強烈感受到有一種東西尚未被發現，那是科學期刊從未解釋過的東西。

我穿上白袍，克服身體發出的抗議，出發前往醫院。我走向醫院的時候，突然有繞過校園池塘的奇怪衝動。或許我只是想要拖延看見那些冰冷事物的時間，尤其是在這個奇妙的早晨。例如不鏽鋼製的機器，或是手術室裡的簡陋燈光、急救氧氣筒、示波器螢幕上的光點。於是我走到池畔停下腳步，沉浸在不受打擾的寧靜與孤獨中；雖然此刻醫院裡應該相當熱鬧，充斥各種激動的聲音。梭羅一定會贊同我的做法。他一直認為早晨是享受簡單人生的快樂時刻。「詩與藝術，」他寫道，「以及最美麗、最值得紀念的人類行為，都是在這樣的時刻誕生。」

那是個舒服的冬日，我靜靜俯瞰池塘，觀察光子像馬勒（Mahler）《第九交響曲》的音符般在湖面跳舞。有一度我的身體擺脫了環境的影響，心智與大自然合而為一，彷彿這輩子都是如此。那是一段很短的時間，就像大部分有意義的事情一樣。但是在那樣低調的平靜中，我的視線超越了荷葉與香蒲。我赤裸裸地感受到大自然，它對我毫無遮掩，這種感受羅倫．艾斯里和梭羅也曾有過。我繞過池塘，走向醫院。早班即將結束。一位垂死的婦人坐在我面前的床上，窗外有一隻鳥兒站在池畔枝頭上婉轉啁啾。

後來，我想到清晨時望出結冰窗戶時那個我沒發現的、更深刻的祕密。「我們都太滿足於自己的感覺器官，」羅倫・艾斯里說。在神經末梢觀察光子的舞動是不夠的。「只看眼睛所看見的已不再足夠，就算看見宇宙的盡頭也一樣。」電波望遠鏡與超大型加速器只不過延伸了心智的感知。我們只看得到成品，看不到事物如何互相凝聚成一個真實的整體，更看不到美好的十二月早晨、所有感覺合而為一的短短五秒鐘。

物理學家當然不會明白，就像他們看不穿量子世界的方程式一樣。這些變量把心智和隱藏在每一根枝葉底下的大自然融合在一起，就像站在十二月的池畔一樣。

身為科學家的我們已經觀察這個世界很久很久，久到無法挑戰它的真實性。梭羅說其實我們跟印度教徒沒兩樣，他們認為這世界坐在大象背上，大象站在烏龜背上，烏龜站在一條蛇身上，但是蛇底下什麼都沒有。我們都站在彼此的肩膀上，但是我們全體的最底下什麼都沒有。

對我來說，那個冬季早晨的五秒鐘就是最有說服力的證據。梭羅曾如此形容瓦爾登湖（Walden）：

我是崎嶇的湖畔，
是輕撫湖面的微風；
我空無一物的手掌心
握著湖水與沙子……

第十六章

# 宇宙到底是個怎樣的地方？

## ——宗教、科學與生命宇宙論如何看待實相

回顧各種不同的世界觀，生命宇宙論顯然跟過去的觀念都不一樣。它與傳統科學的共同點是大腦研究，進一步用科學方法了解意識；實驗神經生物學方面的諸多努力，也將幫助我們了解宇宙。此外，生命宇宙論與東方宗教的某些教義也很相似。

# 「存在」的原因、本質與方式

前幾章討論了宇宙的組成和結構。人類居然有能力做這件事，實在是太神奇了。我們突然發現自己擁有生命與意識，然後通常是在兩歲左右，我們的記憶會開始選擇性地記錄資訊。事實上，幾年前我與史金納一起做過一系列實驗（結果發表於《科學》期刊），證明動物也具有「自我意識」。多數人都曾在兒時的某個時刻自問：「嘿，這裡**到底**是怎樣的地方？」對我們來說，光有意識還不夠，我們想知道存在的原因、本質與方式。

身為孩子的我們開始被各種答案轟炸。宗教說是這樣，學校說是那樣。現在我們已長大成人，討論存在的本質時會說出結合兩者的答案一點也不意外，只不過會隨著每個人的個性與心情而有差異。

## 讓科學與宗教分居

我們可能都有融合科學與宗教的渴望，例如耶誕節在天文館看了《神奇之星》（*Star of Wonder*）的影片，主旨是為伯利恆之星尋找邏輯上的解釋。同樣的情況也發生在《物理學之道》（*The Tao of Physics*）與《舞動的物理學大師》（*Dancing Wu-Li Masters*）兩本暢銷書上，這兩本書都在說明物理學與佛教之間的共通點。

這些作品大受歡迎，但基本上這些努力卻毫無效用，甚至毫無價值。正牌物理學家都認為

《物理學之道》與科學無關，只勉強算得上是嬉皮版本的科學書籍；至於天文館在耶誕節播放的影片，更是同時羞辱了宗教與天文學，因為所有的天文館主任都知道，天上沒有一個自然物體會突然停在伯利恆或任何地方的上空，無論是（天體的）會合、彗星、行星或超新星都不會。北方的天空只有一顆星，也就是北極星，看似靜止不動，但是東方三博士（Magi）沒有往北走，反而前往西南邊的伯利恆。重點是：以上這些解釋全都不合理。天文館主任全都心知肚明，卻還是年年播放影片，因為這是已延續四分之三世紀的耶誕節傳統。從宗教的角度來說，相信真的有「伯利恆之星」的人得到的資訊是：其實這並非奇蹟，只是幾顆行星碰巧會合，又剛好在適當的時間停留在空中。難道他們不認為這樣的現象本身就是個奇蹟嗎？（請容我稍微離題，討論一下答案：這顆「伯利恆之星」絕對與科學和宗教都無關。那還剩下什麼？當時的人相信偉大國王的誕生必定伴隨著占星預兆，而《聖經》的撰寫時間距離這個事件已過了一個世代，顯然有人想要藉此彰顯耶穌的偉大。因為耶穌出生時木星走到白羊宮，也就是猶太山地的「統治宮」，可說是完美的配合。這個故事源自占星術，跟現代的科學與基督教完全沾不上邊，所以兩者都鮮少提及。）

因為科學與宗教像一對奇怪的夫妻，它們生下的孩子通常都是畸形兒，所以我們先讓它們分居，再來歸納針對存在本質廣為接受的各種答案：宇宙**到底**是什麼？生物與非生物之間有何關聯？電腦的基礎運作系統是隨機的還是有智慧的？人類心智能否理解？既然如此，就讓我們透過各種觀點來回顧這些基本問題，每一個觀點都與答案密切相關，最後看看這些觀點能否至少成功地回答這些問題。

## 傳統科學的基本宇宙觀

一百三十七億年前，宇宙在一片空無中突然出現。從此不斷擴張，起初擴張的速度很快，後來漸漸變慢。大約七十億年前因為某種未知的斥力，擴張的速度再度變快；這種斥力是宇宙的主要構成物。在宇宙的四種基本作用力和眾多參數與常數（例如萬有引力）的作用下，所有的結構與事件隨機發生。三十九億年前，地球上出現生命，但很可能其他地方在未知的時間也出現了生命。生命的出現也是因為分子的隨機碰撞，而分子則是由九十二種自然元素中的一種或多種所構成。至於生命為什麼會有意識或覺察，目前仍是個謎。

### 傳統科學的答案

**Q：大霹靂的發生原因？**

A：未知。

**Q：什麼是大霹靂？**

A：未知。

**Q：大霹靂之前有什麼？**
A：未知。

**Q：宇宙的主要構成物「暗能量」是什麼？**
A：未知。

**Q：第二多的構成物「暗物質」是什麼？**
A：未知。

**Q：生命是怎麼出現的？**
A：未知。

**Q：意識是怎麼出現的？**
A：未知。

**Q：意識的本質是什麼？**
A：未知。

**Q：宇宙的命運是什麼？例如，是否會繼續擴張？**

A：似乎會。

**Q：常數為什麼會變成常數？**

A：未知。

**Q：為什麼剛好有四種作用力？**

A：未知。

**Q：身體死後，生命還會延續下去嗎？**

A：未知。

**Q：哪一本書提供最佳答案？**

A：沒有這樣的書。

好吧，科學到底**能夠**告訴我們什麼？很多啊，圖書館裡裝滿了知識。這些知識都與各種物體、生物與非生物的分類和次分類有關，連它們的特性也加以分門別類，例如鋼與銅的延展性跟強度；還有各種方法，例如恆星如何誕生、病毒如何複製。簡言之，科學做的是發現宇宙**內部**的各種特性與方法。如何用金屬搭建橋梁，如何打造一架飛機，如何進行手術；科學是促進日常生活便利的最佳工具。

因此，向科學尋求終極答案或是請科學解釋存在本質的人，其實都找錯了對象。這種行為無異於用粒子物理學來評價藝術。不過，科學家都不肯承認這件事。宇宙論等科學分支，都展現出「科學確實能夠解答最深刻的基本問題」的模樣。科學用眾多成就建造了一棟壯觀的諸神殿，所以我們當然會對它說：「放手去找答案。」只是到目前為止，科學幾乎沒有成功找到答案。

## 宗教的宇宙觀

當然，世界上有很多宗教，我們不打算全數一一列舉，不過有兩個宗教最為普遍，各自擁有數十億信徒。這兩個宗教的觀點與目標截然不同，因此必須分開討論。

### 西方宗教（基督教、猶太教、伊斯蘭教）

宇宙是上帝的造物，上帝是獨立於宇宙的存在。宇宙有特定的誕生時間，而且終將會結束。上帝創造了生命。生命有兩個最關鍵的目的：相信上帝和服從上帝的規則，例如十誡以及《聖經》或《可蘭經》列出的其他規則；這兩部經書都普遍被視為真理的唯一來源。大體上基督教的觀念是必須接受耶穌基督是救世主，以上天堂為目標（或是「獲得拯救」），相對於下地獄），因為死後的世界才是最重要的。上帝是全知全能、無所不在的，宇宙的創造者和維護者。可以透過祈禱跟上帝接觸。沒有提及意識的其他狀態，也沒有討論意識本身或個人尋找終極實相的直接經驗，除了神祕的教派之外；神祕教派通常把狂喜狀態稱為「與上帝共融」。

## 西方宗教的答案

**Q：上帝是怎麼出現的？**

A：未知。

**Q：上帝是永恆的嗎？**

A：是的。

**Q：基本科學問題（例如大霹靂之前有什麼？）**

A：與心靈無關；上帝創造了一切。

**Q：意識的本質是什麼？**

A：從未討論過。未知。

**Q：身體死後，生命還會延續下去嗎？**

A：是的。

## 東方宗教（佛教與印度教）

萬物歸一。實相的本質是存在、意識與大樂。形體的表象差異是一種錯覺，叫做摩耶（maya）或輪迴（samsara）。「一」是永恆、完美、輕鬆不費力的。時間是幻覺。生命是永恆的，多數教派相信輪迴轉世，但也有教派相信誕生與死亡並未真正發生（例如不二論）。生命的目的是覺察宇宙真相，透過直接的極樂經驗，又叫涅槃（nirvana）、頓悟或領悟，拋棄錯覺與分離的假象。

## 東方宗教的答案

**Q：大霹靂是什麼？**

A：不重要。時間並不存在，宇宙是永恆的。

**Q：意識的本質是什麼？**

A：無法以邏輯解釋。

**Q：身體死後，生命還會延續下去嗎？**

A：是的。

## 生命宇宙論的宇宙觀

在生命與意識之外，沒有另一個物質宇宙的存在。沒有被感知到的東西都不是真實的。外在的、無感的物質宇宙從來就不曾存在，生命也不是後來才隨機出現的。空間跟時間只存在於心智裡，是一種感知工具。觀察者影響結果的實驗，用意識與物質宇宙的相互關聯就能輕鬆解釋。自然和心智都不是真實的，兩者密切相關。對神沒有任何立場。

請回顧一下我們提出的七大法則：

- **生命宇宙論第一法則**：我們感知到的真實是一個與意識有關的過程。「外在」真實如果存在的話，依照定義應該會存在空間之中。但這是毫無意義的，因為空間與時間都不是絕對的真實，而是人類與動物心智的工具。
- **生命宇宙論第二法則**：外在感知與內在感知密不可分。兩者猶如硬幣的兩面，無法分割。
- **生命宇宙論第三法則**：次原子粒子的行為（意即所有的粒子與物體）與觀察者息息相關。少了有意識的觀察者，它們充其量只是處於一種尚未確定的機率波狀態。

● **生命宇宙論第四法則：**少了意識的存在，「物質」處於尚未確定的機率狀態。意識存在前的任何宇宙只可能處於一種機率狀態。

● **生命宇宙論第五法則：**宇宙結構唯有透過生命宇宙論才能解釋。宇宙專為生命量身打造，這一點合情合理，因為生命創造宇宙，而非宇宙創造生命。宇宙只是自我的全套時空邏輯。

● **生命宇宙論第六法則：**少了動物的感知，時間根本不存在。我們用時間這種過程來感知宇宙內的變化。

● **生命宇宙論第七法則：**空間跟時間一樣，並非物體或東西。空間是動物理解的一種形式，不具有獨立的真實性。我們隨身攜帶空間與時間，就像烏龜背負著龜殼。因此沒有生命，事件就沒有絕對獨立存在的基礎。

## 生命宇宙論的答案

**Q：是什麼創造了大霹靂？**

A：「死」的宇宙不可能存在於心智之外。「空無」是一個無意義的概念。

**Q：先有石頭還是先有生命？**

A：時間是動物感知的一種形式。

**Q：宇宙到底是什麼？**

A：一種活躍的、以生命為基礎的過程。

## 不考慮生命或意識的「萬有理論」會走入死胡同

我們對宇宙的**概念**類似教室裡的地球儀，是一種幫助我們把地球視為整體的思考工具。但是，大峽谷或泰姬瑪哈陵只有在你看見時才真實的存在。擁有地球儀不能保證你一定能去北極或南極。同樣地，宇宙是一種概念。我們用這個概念來描述理論上在空間與時間裡有可能經歷的一切。就像一張CD，只有當你播放歌曲的時候，音樂才會變成真實的。

或許有人會說，生命宇宙論跟唯我論（solipsism）很像。唯我論認為萬物一體，有一個單一意識超越一切，看似互異的個體只有相對的真實性，而且基本上並不是真實的。關於這一點，本書作者持開放態度：生命宇宙論也許很像、也許很不像唯我論。當然各種生物都有很鮮明或很逼真的外貌，也各自擁有意識。而「充滿生物」這樣的觀念，在世界各地都是主流的想法。如果抱持著不同的想法反而像個瘋子。

不過，「萬物一體」的線索不斷出現在每一個領域，例如諸多常數和物理定律的廣泛應用，或是古往今來每個文化都有很多人堅持自己有過「天啟經驗」，使他們「毫無疑問」相信萬物是一體的。只有一件事是我們能夠**確定**的：我們的感知本身，僅此。如果唯我論是正確的，那麼量子論的EPR關聯性（距離遙遠的物體依然緊密相連）就完全合理。正因如此才會有主觀經驗、神祕的啟發、物理常數與定律的統一、交纏粒子現象，以及特定的動人美感（愛因斯坦給予高評價的那種），這些微小線索都指向「萬物一體」。這也是物理學家不斷追尋大統一理論背後的沉默動力。無論如何，它也許是正確的，也許不是。如果它是正確的，它就打敗了生命宇宙論。如果它不是，那也沒關係。

回顧各種不同的世界觀，生命宇宙論顯然跟過去的觀念都不一樣。它與傳統科學的共同點是大腦研究，進一步用科學方法了解意識；此外，實驗神經生物學方面的諸多努力也將幫助我們了解宇宙。另一方面，生命宇宙論與東方宗教的**某些**教義也很相似。

生命宇宙論最大的價值或許是幫助我們選擇**不要**把時間浪費在哪些地方，因為在那些領域努力了解宇宙整體可能會徒勞無功。沒有考慮生命或意識的「萬有理論」一定會走入死胡同，這當然包括弦論。完全以時間為基礎的模型，例如把大霹靂設定為宇宙起源的研究，永遠都無法完全令人滿意或得到結論。相反地，生命宇宙論一點也不違反科學。致力於提升方法與技術的科學在許多領域創造出難以計數的好處，但如果要為亟欲知道答案的大眾回答更深刻或基本的問題，必定要求助於某種形式的生命宇宙論才可能成功。

第十七章

# 當科幻小說成真

## ——生命宇宙論早就滲透了我們的生活

多虧有科幻廣為宣傳許多支持生命宇宙論的想法，現在大眾已經做好心理準備，能接受生命宇宙論提出的「實相僅存在於心智中」的概念，生命宇宙論的時代可能很快就會到來。

## 從神性宇宙到隨機宇宙

提出一個思考宇宙的全新觀點，意味著必須對抗現存文化思維中的惰性。我們擁有相同的思考方式，它像病毒一樣傳播給每一個人，媒介是書籍、電視，再加上現在還有網際網路。現有的現實觀念早在幾個世紀前就已出現較粗糙的原型，但是直到二十世紀中葉才有了現在的樣貌。在那之前，大家似乎相信宇宙一直處於差不多的狀態，也就是永恆不變的。這種穩定狀態的概念有很大的哲學吸引力，卻在一九三〇年愛德溫・哈伯（Edwin Hubble）宣布宇宙正在擴張時變得搖搖晃晃；一九六五年發現宇宙微波背景輻射（microwave background radiation）之後，它已完全站不住腳。這兩個發現都強烈支持大霹靂。

大霹靂意味著宇宙就此誕生，也意味著宇宙終將死去。沒人知道大霹靂是否不斷重複循環，而這次的大霹靂只是其中之一；也沒人知道有沒有其他宇宙跟我們同時存在。所以，無法證明永恆並不存在。

在目前的現實觀念形成之前，發生過一個更巨大的改變，取代了更早之前的神性宇宙，也就是完全由上帝或諸神控制的宇宙；這個宇宙的結構很愚蠢，唯一的生命力來自隨機的行為，就像滾下山坡的石頭。

## 當科幻愈來愈逼近現實

無論如何，針對宇宙的構成物質、生物與非生物之間的關係以及宇宙的整體結構，一直都有廣為接受的共同觀點。例如，從十九世紀初開始，科學家與大眾都曾想像居住在天體表面的情況，甚至包括月球。直到一八〇〇年代中葉，依然有許多科學家，包括著名的威廉．赫雪爾（William Herschel），都認為「可能有」類似人類的生物住在太陽表面，內部有第二層隔熱雲能幫他們隔離炙熱又明亮的雲層。科幻作家也感染了十九世紀對外星生物的著迷，寫出一系列火星人入侵地球的小說，最後也進入了新型態的娛樂媒體，從書籍、雜誌到電影、廣播，然後是電視。

這些科幻作品對文化思維具有非常強大的改變力量。十九世紀儒勒．凡爾納（Jules Verne）與其他作家寫出人類登月的故事前，這個想法難以想像到無法普及。但是到了一九六〇年代，載人太空旅行已是非常普通的科幻主題，大眾一下子就接受這個想法。因此甘迺迪、詹森與尼克森總統執政時，大眾都願意把大量的稅金拿去發展太空計畫。

大眾想像宇宙結構的主要工具是科學與科幻，而不是宗教或哲學。進入二十一世紀後，幾乎沒有人不相信：

- 宇宙始於許久之前的一場大爆炸；
- 時間跟空間都是真實的，星系與恆星遙遠得不得了，宇宙像石頭一樣安靜；

- 隨機原則；
- 每個人都是孤單的生物，各自面對外在現實，而且生物之間不存在有形的相互關聯。

以上就是目前對現實的主流觀念。

## 一九五五年以前的科幻故事，擁抱傳統宇宙論

### 外星人

一九六〇年代之前的早期科幻電影總是自限於既定的思維中，所有的外星人都是來自行星表面（外星人依然是最受歡迎的主題）。至於外貌，故事的基調讓他們必須長得跟人類非常相似，例如《星艦迷航記》（*Star Trek*）裡的克林貢人。而且最好擁有語言，也就是**我們的**語言（甚至是我們的方言），因為大量沉默無法維持觀眾對電影的興趣。如果有生物長得跟燈泡一樣，他們出場的時間總是很短暫。

有幾個外星人劇情特別受歡迎，包括人類愛上非人類，例如《星際大爭霸》（*Battlestar Galactica*）裡美麗的賽隆人（Cylons），或是老電視影集《莫克與明蒂》（*Mork & Mindy*）；還有孤獨的英雄或可愛的怪咖，只有他們知道外星人入侵地球，或是只有他們有能力拯救地球。

## 機器人

一般說來，科幻故事裡的外星人總是懷抱著邪惡動機，而不是帶著善意來幫助人類擺脫自我毀滅，例如戰爭或無用的長期節食。近二十年來還有一個老掉牙的劇情，每次出現都只有小幅改變：人類對抗反叛的機器人。曾經被既笨重又發不動的除草機氣到的人，一下子就能抓到反對機器人的中心思想，說不定還對各種新奇的裝置抱持著厭惡。這種劇情已經到了老掉牙的程度，包括《變形金剛》（*Terminator*）系列、《機械公敵》（*I, Robot*）、《駭客任務》（*Matrix*）三部曲，目前還看不到結束的跡象。於是現在「機器人很壞！」的想法猶如一則潛意識的訊息深植人心，未來想要設計有幫助的機器人，最大的挑戰是怎麼讓機器人看起來又順從又愚笨得無害。

## 其他主題

其他科幻劇情用一隻手就能算完。有「太空人迷路」、可能毀滅地球的瘟疫，還有「萬惡美國政府」主題，也就是所有問題都是源自出錯的祕密計畫，或是叛逃的間諜、軍事機構進行危險而未經允許的實驗。

一九五五年以前的科幻故事**看不到**任何對現實的處理，也沒有足以讓人質疑主流宇宙觀的創意。外星人就是來自另一顆行星的生物，永遠不是行星本身，也不是能場。宇宙是外在的、巨大的，而不是內在的、互相關聯的。生命永遠有盡頭，時間永遠是真實的，事件的起因永遠是機械意外而不是內蘊的宇宙智慧。至於量子角色，也就是觀察者影響無生命的物體，想都別想。

## 一九六〇年以後的科幻故事，拋棄傳統宇宙思維

一九六〇年代情況開始改變，尤其是一九六一年的《飛向太空》（*Solaris*），這部電影裡有一顆活的行星。六〇與七〇年代的迷幻革命帶來想像力破表的影響，大眾也更加了解前衛科幻作家，例如亞瑟·克拉克（Arthur C. Clarke）和娥蘇拉·勒瑰恩（Ursula K. Le Guin），以及對東方哲學突然產生（非主流）的興趣。

### 時間旅行

拋棄傳統宇宙思維的起點，應該是「時間旅行」這個古老主題的復興。時間旅行一直都是最受歡迎的科幻主題。一直到一九六〇年代，時間旅行都還只是到不同年代的美國或英國去遠足（這個主題至今依然受歡迎），就像《回到未來》（*Back to the Future*）系列，或是改編自威爾斯小說、原版跟再版的《時光機器》（*The Time Machine*）。通常以時間旅行為主題的戲劇，對旅行的部分都著墨不多，只是把場景搬到未來的某一個年代，再搭配一個社會主題，例如《攔截時空禁區》（*Logan's Run*）。

### 質疑時間

但是，回歸到生命宇宙論，一九七〇年代開始出現質疑時間是否成立的電影。改編自卡爾·

薩根小說的電影《接觸未來》（*Contact*）呈現了令人愉快的時間相對性，在地球上操作實驗的科學家只過了一瞬間，但是茱蒂·佛斯特（Jodie Foster）飾演的時間旅人卻在另一個世界度過了好幾天。時間並非固定的，這是《佩姬蘇要出嫁》（*Peggy Sue Got Married*）這類電影的主軸，這部電影的主角重返童年。

此類主題把時間的概念當成一種不可靠的東西，悄悄滲進大眾的思想裡。

## 以意識為基礎的現實

另一個科幻主題是以意識為基礎的現實。《記憶拼圖》（*Memento*）的主角同時處理多重時間，《蘿拉快跑》（*Run, Lola, Run*）也是。後者使用了量子論的多重宇宙詮釋，也就是各種可能性同時存在，雖然我們只能看見其中一種。不過電影只呈現了相繼出現的結果，並未提供物理學的解釋。

所以現在大眾已經做好心理準備，能接受生命宇宙論提出的「實相**僅**存在於心智中」的概念，宇宙不在其他地方。

## 生命宇宙論早已滲入大眾生活

因此，儘管學校、宗教和一般人的思維中，都沒有生命宇宙論的蹤跡，但是透過近年來科幻小說漸漸融入的概念，應該能讓大眾對生命宇宙論不會感到完全陌生，或是把它視為完全不熟悉的經驗。據說最好笑的笑話就像病毒一樣會自動複製，而且人類完全無法阻止或控制其擴散——它們彷彿擁有自己的生命。富開創性的想法也一樣：它們不但朗朗上口，還具有**感染力**，像傳染病一樣。所以沒有人願意用伽利略的望遠鏡親眼看看地球並非所有運動的靜止中心時，伽利略才會那麼憤怒。至少有一部分的原因可能是：這個概念還沒達到可以自動複製的「傳染」階段。

相對地，多虧有科幻廣為宣傳許多支持生命宇宙論的想法，生命宇宙論的時代可能很快就會到來。當叛逆的科幻作家碰上自己還沒研究過、奇特、關於現實的嶄新觀念，無論是糾纏、現在的決定改變過去或是生命宇宙論，都能為科幻迷帶來前所未見的新作品。成功能孕育成功，新觀念或許能迅速滲入集體意識，就好像太空旅行在不久前還是一件陌生的事。

因此，我們很快就能進入一個嶄新思維的時代。

而這一切都是因為人類深受科學和幻想宇宙的吸引。

第十八章

# 意識之謎

## ——如果沒有人在觀看，宇宙是否存在？

意識到自己的感知……等於意識到自己的存在。

——亞里斯多德（BC384-BC322）

# 解答意識，沒有這麼簡單

意識是生命宇宙論的宗旨，對科學來說卻是最深奧的問題。意識是大家最熟悉卻也最難解釋的經驗。澳洲國立大學（Australian National University）的意識研究者大衛・查默思（David Chalmers）說：「近年來，所有的心理現象都已向科學屈服，只有意識依然頑強抵抗。許多人試著解釋意識的本質，但是這些解釋似乎都沒有命中目標。有些解釋反而讓人認為意識果然是個棘手的問題，不可能找到好的解釋。」

討論意識的書跟文章紛紛問世，有些用了相當大膽的書名或標題，例如一九九一年的《解答意識》（*Consciousness Explained*），作者是塔夫茨大學（Tufts University）的研究者丹尼爾・丹尼特（Daniel Dennett）。他使用一種他稱之為「異己現象」（heterophenomenological）的方法，這種方法不把內省（introspection）視為意識存在的證據，而是當成需要解讀的數據。他認為「心智是由未受監控的平行處理過程不斷聚集而成的集合物。」可惜的是，雖然大腦會直接處理某些功能，例如同步使用許多神經路徑的視覺，但是丹尼特似乎沒有針對意識的本質提出有用的結論，辜負了這個壯志滿滿的書名。丹尼特在這本冗長的著作最後，以一種補充說明的方式承認意識經驗完全是個謎。無怪乎其他研究者戲稱這本書應該叫做《忽視意識》（*Consciousness Ignored*）。

## 認知功能容易解決，主觀經驗背後的成因難以處理

丹尼特並不孤單，許多研究者跟他一樣都忽視了主觀經驗的核心問題，只關注最表面或最容易處理的問題，也就是認知科學的標準方法處理得了的問題，可以（或有機會可以）用神經機制與大腦結構加以解釋。

查默思不認同丹尼特，他歸納了所謂的「簡單的意識問題」，它們「解釋了以下幾種現象」：

- 對環境刺激物做出判斷、分類與反應的能力
- 用認知系統整合資訊
- 描述心理狀態的能力
- 進入和離開內在狀態的能力
- 注意力的集中
- 經過思考的行為控制
- 清醒與睡著之間的差異

有些大眾文學作品可能會膚淺地認為上述現象就是意識的全貌。然而，雖然這些現象最終都能透過神經學獲得解答，卻跟生命宇宙論以及許多哲學家和神經學研究者所說的意識不同。

體認到這一點的查默思指出明顯的問題核心：「意識真正的難題在於**經驗**。我們在思考與感覺的時候，也正在同步飛快地處理資訊。但是還有一個**主觀的**因素，那就是經驗。例如，看東西的**經驗**是視覺……此外還有身體上的感覺，從疼痛到性高潮都是；內部形成的心象（mental image）、情緒的強弱、連續的意識思想等等。有些生物是經驗的主體（subjects of experience），這一點無庸置疑。至於這些生物為什麼是經驗的主體，依然是個難解之謎……經驗必須要有生理基礎，這是廣為接受的觀念，但是我們無法解釋背後的原因與方式。生理上的過程怎麼會形成豐富的內在生活（inner life）？客觀上似乎不太合理，但它卻是千真萬確的事實。」

意識問題可以很簡單，也可以很困難，差別在於前者只關心功能或表現，所以科學家只要了解大腦各區控制哪些功能就行了；他們可以理直氣壯地說自己解答了認知功能的某個問題。這是意識機制比較簡單的一面。相對地，意識問題或經驗更深層、更令人沮喪的一面非常難解，而查默思道出了原因：「因為它是與功能表現無關的問題。就算所有的功能表現都已獲得解釋，這個問題依然存在。」神經資訊的判定、整合與回報過程，都無法解釋生物的**經驗**。

無論是機器或電腦，除了本身的物理與原子化學結構之外，就不需要其他的解釋或運作原則。人類早就能以先進技術、電子微電路和固態裝置打造高效能的機器和電腦記憶系統，執行愈來愈精準和靈活的任務。或許有一天我們甚至能開發出可以吃飯、繁殖與演化的機器。但如果不了解大腦建立時空邏輯的電路，就無法製造出有意識的機器，例如《星艦迷航記》中的百科（Data）或《AI人工智慧》（A.I.）裡的大衛（David）。

## 神經科學無法完整解釋意識經驗

我對動物認知（以及我們眼中的世界）重要性很感興趣，所以一九八〇年代進入哈佛大學與心理學家史金納合作。那是頗為愉快的一個學期，除了與史金納交換意見，我也在實驗室裡做實驗。當時史金納已將近二十年沒有進實驗室了；這次的實驗包括教鴿子彼此共舞，甚至打乒乓球。我們的實驗相當成功，還在《科學》期刊上發表了幾篇論文。不少報章雜誌都刊登了我們的論文：〈鴿聲細語：鳥類大腦的勝利〉（《時代雜誌》）、〈猩猩會說話：史金納鳥類研究的兩種方式〉（《科學新聞》）、〈史金納與鳥類的對談〉（《史密森尼雜誌》）與〈行為科學家與鴿子「交談」〉（《莎拉索塔先鋒論壇》）。史金納在電視節目《今日》中介紹了這些有趣的實驗。那是我醫學院度過最棒的一個學期。

這也是個非常幸運的起點。這些實驗與史金納的信念有關，他相信自我是「特定事件的行為總和」。不過，這些年來我已漸漸相信這些問題無法光靠行為科學獲得答案。意識是什麼？它為什麼存在？提出這些沒有答案的問題，猶如打造和發射一枚沒有目的地的火箭。火箭製造出很大的聲響、完成了不起的成就，卻遮掩不了空虛的存在意義。提出這些問題是一種褻瀆，對那位多年前完全信賴我的慈祥老人來說是一種個人的背叛。但是這些問題尚未解答，雖然它們像那隻蜻蜓或是在堤岸上發出綠光的螢火蟲一樣不會說話，但是卻真實無比。或許神經科學想用明顯的神經元表徵（neuronal representation）等現象去解釋意識，只是一種徒勞無功的嘗試。

當然，早期的實驗結果都寄望於未來：當我們搞懂大腦裡所有的突觸連結之後，或許就能解開意識。但是情況並非如此樂觀。「神經科學的工具，」查默思寫道：「雖然大有可為，卻無法完整解釋意識經驗。（或許）意識可以用新的理論來解釋。」的確如此。在一九八三年美國國家科學院的一份報告中，認知科學與人工智慧研究簡報小組指出，他們所關心的問題「反映出一個基本的科學謎團，重要性不亞於了解宇宙的進化、生命的起源和基本粒子的性質……」

## 生理過程如何生出主觀經驗？

這個謎團非常單純。神經科學家已發展出各種理論解釋不同的資訊如何在大腦中整合，也顯然能夠說明一個物體被覺察到的時候，不同的特性（例如形狀、顏色、花朵的香味等等）如何整合成一個和諧的整體。有些科學家，例如史都華．哈莫洛夫（Stuart Hameroff），認為這是一個與量子物理機制有關的深層基本過程。有些科學家，例如克里克與科克（Koch），相信這是大腦細胞同步化的過程。這麼基本的問題卻有如此巨大的差異，足以證明我們所面臨的任務是多麼巨大而龐雜，更何況我們不一定能成功解開意識的運作機制。

做為一個理論，四分之一個世紀以來的研究反映出神經科學與心理學的幾個重要進展；壞消息是它們只是結構與功能的理論，完全無法解釋意識為什麼會伴隨著這些功能出現。而這正是了解意識的困難之處，也就是生理過程如何生出主觀經驗。就連諾貝爾物理獎得主史蒂文．溫伯格都承認意識的確是個難題，雖然它可能具有神經基礎，但是它的存在似乎無法從物理定律推導出來。正如愛默生所說，它與各種經驗背道而馳：「我們忽然發現自己並非處於批判性的沉思，而是來到一個神聖的地方，必須小心翼翼、心懷崇敬。我們站在世界的祕密面前，在這裡，存在有了形體，統一生出變化。」

溫伯格與曾經思考過這個問題的人都有相同的抱怨：儘管我們已經非常了解化學和物理、大腦的神經結構與複雜構造，以及大腦持續不斷的涓流，得到的結論竟然是……這個！充滿各種景象、氣味和情緒的世界。我們時時刻刻都帶著一種主觀的**存在**感，也可說是生存感，卻很少有人停下來思考它是什麼。沒有任何一種科學原理，無論是哪個學科，能為我們提示或解釋意識的來源。

許多物理學家宣稱「萬有理論」即將誕生。但他們也大方承認自己不知道如何解釋大英百科全書的前出版商保羅・霍夫曼（Paul Hoffman）所說的「世上最大的謎團」：意識的存在。無論揭露的程度多麼微小，只有一個領域必須也將會持續揭露這些祕密，這個領域就是生物學。物理學已經努力過，也承認這超出物理學的能力範圍。物理學沒有答案。意識研究者漸漸發現，現代科學的問題出在尋找可以追查的蛛絲馬跡，最後發現所有的線索都指向神經構造與大腦的各區職掌。但是知道哪些區塊控制嗅覺，對了解嗅覺的主觀**經驗**毫無幫助：燃燒的木柴**為什麼**會有獨特的氣味？對目前的科學來說，這是極度令人沮喪的困境，幾乎沒人願意踏出第一步。太陽的本質必定也像這樣困擾著古希臘人。每天都有一顆大火球劃過天空。你要怎麼**著手**調查它的成分與性質？分光鏡的發明和原理要到兩千年後才會出現，你可以採取哪些步驟？

愛默生說：「讓人類牢牢記住自然與思想的啟示，也就是說，至高無上的（the Highest）與人類同在，自然的起源就在自己的心智裡。」

要是物理學家能像史金納一樣接受物理學的極限就好了。身為現代行為主義之父，史金納不會試圖去了解每個人的內心世界。他抱持著保留與謹慎的態度，把心智視為一個「黑盒子」。我們曾多次討論宇宙的本質，有一次聊到時間跟空間，史金納說：「我不知道如何思考時間跟空間的本質，甚至連該從哪裡下手都不知道。」他的謙卑反映出一種知識論的智慧。不過，我也在他溫柔的眼神中看見這個主題引發的無力感。

## 心智會為每一個經驗創造時空關係

僅僅研究原子跟蛋白質顯然無法解釋意識。研究進入大腦的神經脈衝，會發現它們並非自動交織在一起，就像電腦裡的資訊一樣。思想與感覺是有順序的，不是本身的順序，而是因為心智會為每一個經驗創造時空關係。就連進一步為認知賦予意義都需要先創造時空關係，也就是感官直覺的內在與外在形式。所有的經驗都符合時空關係，因為時空關係是詮釋與理解的方法，也是把感覺形塑成3D物體的心理邏輯。因此，認為心智在時空關係創造之前就已存在於時間與空間之中，或是在理解力把時空順序安排好之前就已存在於大腦電路之中，肯定是一個錯誤的想法。如前所述，這個情況很像播放CD。CD本身只有資訊，播放器啟動時，資訊才會變成有實體感的聲音。透過這種方式，而且只有透過這種方式，音樂才會存在。

如果愛默生所言不虛，「心智是一個整體，自然與它密切相關。」（the mind is One, and that nature is its correlative.）那麼，**「存在」本身就住在心智與自然關係的邏輯裡。**意識與生理結構或功能毫無關係。它就像玉柏（ground pine）的莖，可以在一百個地方冒出頭來，它的存在源於在空間裡感知到的時間真實性。

至於最受歡迎的科幻主題：開發擁有心智的機器？「我們不禁懷疑，」以撒．艾西莫夫（Isaac Asimov）提出疑問，「電腦與機器人或許無法取代任何一種人類能力？」史金納八十歲生日的壽宴上，我坐在全球頂尖的人工智慧專家旁邊。在聊天的過程中，他對我說：「你曾經與史金納密切合作過。你認為我們到底有沒有可能複製鴿子的心智？」

「感官運動功能嗎？可以啊，」我答道，「但是意識無法複製，絕對不可能。」

「我不懂。」

## 物體缺乏單元感覺經驗，無法創造時空關係

此時史金納剛剛走上臺，主辦人請他簡短致詞。這畢竟是史金納的壽宴，我身為他教過的學生不太適合在這個場合長篇大論地抨擊意識。不過現在我可以毫不猶豫地說，在我們了解意識的本質之前，絕對不可能製造出擁有人類、鴿子或蜻蜓心智的機器。物體（機器、電腦）只需要遵循物理原理，事實上，物體在時間與空間裡的存在完全取決於觀察者的意識。物體跟人類或鴿子不一樣，它們缺乏感知與自我意識所需的單元感覺經驗（unitary sense experience），有了單元感

覺經驗，理解力才能製造出與每一個感覺經驗有關的時空關係，如此才能建立意識與空間世界之間的關係。

讓機器擁有意識到底有多困難，看過孕婦生產的人應該都很清楚：一個有意識的新生兒降臨在這個世界上。意識是怎麼出現的？印度教徒相信意識或知覺能力會在懷孕的第三個月進入胚胎。事實上，如果秉持著科學誠信回答這個問題，我們必須承認我們**根本**不知道意識是怎麼出現的，無論是個人意識或共同意識；意識也絕對不是來自分子與電磁作用。更確切地說，意識真的是從某處出現嗎？身體裡的每一顆細胞都是一串細胞的一部分，這些細胞數十億年前開始分裂，形成一條永不間斷的生命細胞鏈；這是廣為流傳的觀念。那意識呢？意識必定更不可能中斷。雖然多數人喜歡想像一個沒有意識的宇宙，但是在充分思考之後，我們已經知道這個想法並不合理。意識到底是怎麼開始的？意識怎麼可能出現？人類怎麼沒有更早提出意識問題？**意識**是不是**萬物**的同義詞？

從古至今的偉大思想家說得都沒錯：這是最大的謎團，其他謎團在它面前相形失色。

## 薛丁格的貓

要是有讀者以為這是無稽之談或哲學，別忘了取決於觀察者的宇宙論點在高階普通物理學界已熱烈討論了四分之三個世紀。觀察者在實體宇宙裡的角色與意義不是嶄新的議題。例如奧地利量子專家薛丁格著名的想像實驗；這個實驗想要證明結合心智與物質的量子實驗會產生多麼荒謬的結果。

他說，想像在一個密閉的箱子放置少量放射性物質，這些放射性物質可能會也可能不會釋放粒子。兩種可能性同時存在。根據哥本哈根詮釋，結果要在受到觀察到之後才會成為事實。受到觀察之後波函數才會塌縮，粒子才會出現……或是不會出現。到目前為止一切正常，可是讓我們再放一個蓋革計數器（Geiger counter）到箱子裡，它能偵測到粒子的出現（如果有粒子出現的話）。如果蓋革計數器偵測到粒子，它就會啟動一把榔頭敲破裝著氰化物的燒瓶。

這個箱子裡還有一隻貓，但這時牠應該已經死了。若按照哥本哈根詮釋的說法，放射性粒子、蓋革計數器、落下的榔頭跟貓已統合成一個量子系統。但是只有在箱子被人打開時才會受到觀察，一旦受到觀察，所有的事件順序就會被迫從機率變成現實。

這意味著什麼？薛丁格提出質疑。如果箱子裡有一隻腐爛的死貓，我們真的要相信在箱子打開之前，這隻貓一直處於死和不死之間的模糊狀態，只是**看起來**好像死了好幾天嗎？真的如哥本哈根詮釋所堅稱，這隻貓一直同時處於死與活的狀態，直到有人打開箱子**過去的**事件才會建立起來。

沒錯，正是如此。（除非貓的意識也能算是一種觀察，那麼波函數一開始早已塌縮，根本不需要等到人類幾天後打開箱子。）總之，現在仍有許多物理學家擁護這個觀念。同樣地，我們可以把一百三十七億年前的大霹靂視為宇宙的起點，但這只是現在的觀察結果，只是**看起來**像是真實的歷史。量子論認為我們只能確定一件事：宇宙**看似**已經存在了一百多億年。根據量子力學，知識的必然性存在著無法改變的重要限制。

如果觀察者不存在，宇宙看起來就什麼都不是，這點不言自明。應該說，宇宙根本不會存在。史丹佛大學的物理學家安德烈・林德（Andrei Linde）說：「宇宙跟觀察者是一對組合。一個堅實的理論絕對不能忽略意識。少了觀察者，我不知道宣稱宇宙的存在有何意義。」

## 如果沒有人在觀看，宇宙是否存在？

著名的普林斯頓大學物理學家惠勒多年來一直堅稱，當我們觀察來自遙遠類星體（quasar）的光繞過前方的星系時，光有可能出現在星系的任何一側，這就是一種規模極大的量子觀察。他認為這代表在我們測量光子的此刻，光子才確定了數十億年前不確定的路徑。現在創造過去。這當然讓我們想起之前提過的量子實驗，現在的觀察決定孿生子過去的選擇路徑。

二〇〇二年，《探索雜誌》（*Discover*）派了提姆・福哲（Tim Folger）去採訪惠勒本人。他在人本論等方面的觀點，在物理學界依然具有相當的影響力。他提出的看法頗具爭議，於是《探索雜誌》決定根據他在人生第十個十年所選擇的方向下了這個標題：「如果沒有人在觀看，宇宙是否存在？」他告訴福哲，他確定宇宙裡充滿「巨大的不確定雲團」；這些雲團尚未跟有意識的觀察者互動，甚至也還沒跟無生命的物質團互動。他相信在這些地方，宇宙是「一大片過去尚未成為過去的地方」。

你現在想必頭暈腦脹吧。讓我們休息一下，回到我的朋友芭芭拉身邊；她正舒服地坐在客廳裡，手裡拿著一杯水，她非常確定這杯水跟她自己都是真實的存在。她的房子一如往常：牆上的畫、鑄鐵爐、舊橡木桌。她在不同的房間晃來晃去。九十年來的各種選擇定義了她的人生：碗盤、床單、飾品、機器跟工作室裡的工具。

她每天早上都會打開前門拿《波士頓環球報》（*Boston Globe*），或是忙著照顧她的花園。她家後門通往後院，草地上散置著玩具風車；它們在微風中旋轉，發出嘎吱聲響。她認為無論自己是否把門打開，世界都會運轉如常。

就算她在臥室裡的時候廚房消失了，花園跟玩具風車在她睡著時蒸發了，工作室跟裡面的工具在她上雜貨店時並不存在，這些事對她一丁點影響也沒有。

當芭芭拉從一個房間走到另一個房間時，她的動物感官不再感覺到廚房：洗碗機的聲音、時鐘的滴答聲、管路的呻吟、烤雞的香味，廚房與廚房裡看似分離的物體都變成原始的能量—空無（primal energy-nothingness）或機率波。宇宙突然從生命中誕生，而不是反過來。或許這麼說會更容易理解：自然與意識之間存在著永恆的相互關係（correlativity）。

對每個生命來說，或是對你的生命來說，有一個跟「實相範疇」（spheres of reality）有關的宇宙。形狀跟狀態都是大腦利用耳朵、眼睛、鼻子、嘴巴跟皮膚蒐集的感覺數據製造出來的。我們的星球由成千上億的實相範疇構成，是一個內在／外在的匯集，一個範圍令人驚歎的聚合體。

真的是這樣嗎？你每天早上醒來時，梳妝臺依然放在原地，正對著你所躺的床。你穿上同一條牛仔褲和你最喜歡的襯衫，腳上穿著拖鞋走到廚房煮咖啡。心智正常的人怎麼可能以為外在世界全都是大腦建構出來的？我們需要透過更多類比對照才能理解。

## 是你的大腦讓宇宙動起來

為了更加了解一個由靜止的箭矢與消失的衛星所構成的宇宙，不如用現代電子用品與我們的動物感官認知工具來比喻。經驗告訴我們ＤＶＤ播放機裡的黑盒子有某種工具，可以把無生命的光碟變成一部電影。ＤＶＤ播放機裡的電子儀器讓光碟上的資訊動起來，變成一部二維影片。同樣地，你的大腦也讓宇宙動了起來。你可以把大腦想像成ＤＶＤ播放機裡的電子儀器。

換一種方式用生物學的語言來解釋，大腦會幫五種感官傳來的電化脈衝安排順序，讓它們變成一種連續事件、一張臉、一張書頁、一個房間、一整個環境：一個統一的、三維的整體。大腦把一連串的感官輸入變得真實，真實到人們從來不問到底發生了什麼事。創造三維宇宙是心智的拿手好戲，技術高超到我們幾乎不去質疑宇宙是否真如我們所想像。大腦會把我們接收到的感覺加以分類、排序跟詮釋。例如來自太陽的光子帶著電磁力，但是光子本身並無特別之處，只是帶著能量的粒子。無數光子打在我們身旁的物體上，有些光子反射後飛向我們，各種物體形成各式各樣的波長組合進入我們的眼睛。它們把電磁力傳給無數原子，這些原子以特定的方式排成數以百萬計的錐狀細胞；錐狀細胞迅速排序，規模之大遠遠超過任何電腦的運算能力。就這樣，大腦中出現了世界。我們曾在第三章提過，光本身沒有顏色，但此刻它變成各種形狀與顏色的神奇集錦。神經網路以三分之一光速進一步平行處理，為這些畫面賦予意義。這是必要步驟。失明數十年後才恢復視力的人看見這世界會覺得困惑、不確定，他們無法看見我們眼中的世界，也無法有效處理這些新資訊。

**視覺、觸覺、嗅覺等感覺都是只發生在心智裡的經驗。沒有一種感覺是「外在」的，是語言習慣讓我們以為它們是外在經驗。**我們觀察到的一切都是能量與心智的直接交互作用。我們沒有直接觀察到的一切含有無限可能，用數學的語言來說，是一團機率迷霧。惠勒說：「在被**觀察**到之前，任何現象都不是真實的現象。」

你也可以把心智想像成電子計算裝置的電路。假設你買了一臺全新的計算機，打開包裝把它拿出來。你輸入4×4，小螢幕上會跳出16，就算這臺計算機以前從未算過這個乘法算式也一樣。這臺計算機遵循特定的規則，就像你的心智一樣。輸入4×4、10＋6或25－9都一定會出現16。走出室外就像輸入一組全新的數字，這組數字決定「螢幕上」會出現什麼；月亮會在這裡或那裡、被雲遮住、是弦月或滿月。

在你抬頭望向天空之前，這些物質現實尚未形成。月亮的明確存在不再是一種數學機率，就這樣進入觀察者的意識網。無論如何，月亮的原子之間存在著巨大的空間，所以月亮既可說是一片空無，也可說是一個物體。它完全不是固態的存在，只是大腦的產物。

或許你會想要快速行動，看一下這團機率迷霧變成有形物體之前是什麼樣子，就像很想偷瞄《花花公子》（*Playboy*）封面的小男生。你可能想用閃電般的速度把眼神掃過去或把頭轉過去，只為了偷到那禁忌的一眼。但是你無法看見尚未存在的東西，所以這是一場贏不了的比賽。

或許有些讀者會將此斥為無稽之談，認為大腦絕對不可能擁有創造物質現實的機制。可是，別忘了夢與精神分裂症（例如電影《美麗境界》〔*A Beautiful Mind*〕）都證明心智絕對有能力建構時空現實，而且真實程度不亞於你此時此刻所感受到的現實。身為醫生，我可以證明精神分裂症的病人「看到」的畫面和「聽到」的聲音，跟你現在閱讀的書頁、坐著的椅子一樣真實。

## 所有時間、空間和事件，就在此時此地

我們終於來到這裡，站在這個想像的邊界，森林的邊緣；童話故事裡，狐狸跟兔子互道晚安的地方。我們都知道睡著後意識隨之消失，時空連結的連續性也會消失，時間跟空間不復存在。這時我們到哪兒去了？我們站在一把可以通往任何地方的梯子上，如愛默生所說：「就像赫爾墨斯（Hermes）❶用骰子贏得月光的那天，或是烏西里斯（Osiris）❷誕生的那天。」意識的確只是心智的表象，就像我們只能看到地球的地殼。在意識思想底下，我們可以想像到無意識的神經狀態。但是這些心理機能本身，除了跟意識的關聯之外，並不存在於時間和空間裡，就像石頭或樹一樣。

至於意識的限制，也可說是它的邊界，是否確實存在呢？或者心智是否比我們想像得更加單純？梭羅寫道：「無所不在……的可能性永遠存在。」

這怎麼可能呢？就像實際的電子實驗結果，一顆粒子怎麼可能同時存在於兩個地方？看看池

塘裡的那隻潛鳥、草原上的毛蕊花或蒲公英、月亮和北極星，區隔它們、使它們成為單獨個體的空間是虛假的嗎？它們不是引起貝爾興趣的現實主體嗎？貝爾的實驗證明了局域事件會受到非局域事件的影響。

這種情況很像《愛麗絲夢遊仙境》裡的愛麗絲發現自己泡在淚池裡。我們確定自己跟池裡的魚毫無關聯，因為牠們有鱗片跟魚鰭，我們沒有。但是理論家伯納德·戴斯帕納（Bernard d'Espagnat）說：「不可分隔性（non-separability）❸是物理學中最確信無疑的概念。」這並不是說我們的心智以能夠違反因果律的方式連在一起，就像貝爾實驗中的粒子一樣。我們可以想像宇宙兩端各有一臺探測器，來自某個中心來源的光子飛向兩臺探測器。如果實驗者改變了其中一道光束的偏振，可能會立即影響一百億光年外的事件。但是實驗過程中不可能把資訊從A點傳到B點，或是從一個實驗者傳到另一個實驗者。這種影響只可能自動發生。

同理可證，我們身上有一部分跟池子裡的魚密切相關。我們以為有一道牆區隔了我們，但是貝爾的實驗顯示有一種因果關聯超越了一般的傳統思維。「人類認為真實很遙遠，」梭羅寫道，

❶希臘神話中宙斯與邁亞的兒子，他是神界與人界之間的信使，發明了鑽木取火、競技比賽跟拳擊，因此也是運動員的保護神。

❷埃及神話中的冥王，大地之神與天神努特的兒子，掌管陰間、生育跟農業。

❸測量分隔兩地的量子系統的自旋或偏振時，兩者之間觀察到無法用傳統因果關係解釋的統計相關性。（資料來源 http://plato.stanford.edu/entries/physics-holism/#State）

「它在系統的外圍，在最遙遠的星星後面，在亞當誕生之前，在最後一個人類死去之後……其實這些時間、空間和事件就在此時此地。」

# 第十九章

# 死亡與永恆

## ——意識不受時空限制，死亡並不存在

人類心智不可能隨著身體被消滅，它的一部分將永遠存在。
——斯賓諾莎（Benedict de Spinoza），《倫理學》（*Ethics*）

# 生命宇宙論將鬆開死亡的箝制

## 死亡是不存在的

生命宇宙論的宇宙觀如何改變我們的生活?它怎麼可能影響愛、恐懼和悲傷等情緒?最重要的是,它如何讓我們有能力去應付表象的死亡,以及身體與意識之間的關係?

貪生怕死是放諸四海皆準的現象,有些人甚至對生命迷戀到不肯放手,就像電影《銀翼殺手》(*Blade Runner*)裡的複製人對那些願意聆聽的人所揭露的殘酷事實。一旦我們捨棄隨機的、以物質為中心的宇宙觀,改用生命宇宙論的觀點看世界,貌似真實的有限生命就會鬆開對我們的箝制。

兩千年前,伊比鳩魯學派的盧克萊修(Lucretius)叫我們不要害怕死亡。時間的研究與現代科學的發現也得出同樣的主張:心智的意識才是最終的實相,它至高無上且無邊無際。那麼意識會跟著身體一起死去嗎?

我們要暫時放下科學,仔細思考生命宇宙論的含意與觀點,而不是它能夠證明什麼。以下內容完全出於推測,但它不只是哲學上的空談,因為它在邏輯與理性上都符合一個以意識為基礎的宇宙。那些堅決擁護「事實」的人不一定非得接受這些尚未定調的結論。

## 意識是不受時間與空間限制的宇宙

愛默生曾在散文〈超越靈魂〉（*The Over Soul*）中提到：「對多數人來說，感覺的影響超越心智，所以才會以為空間與時間的藩籬堅固真實、無法衝破。用輕率的態度談論這些限制是精神失常的跡象。」

我還記得領悟這件事的那一天。一輛電車從街角開過來，車頂電纜冒出火花。金屬輪子摩擦軌道，像硬幣般叮叮噹噹。電車頓了頓又繼續前進，這輛巨大的電動機器向我的過去疾駛，一條街又一條街地穿過數十載，越過大波士頓區的邊界開到羅克斯伯里（Roxbury）。對我來說，這座山丘的山腳下就是宇宙的起點，我希望能在人行道、樹幹，或是被我收在鞋盒裡鏽掉的舊玩具上找到我名字縮寫的刻痕，做為生命永遠不滅的證據。

但是當我抵達那個地方時，卻發現熟悉的牽引機不見了。這座城市似乎改造了幾英畝的貧民窟；我的舊家，我跟朋友一起去玩過的隔壁鄰居家，成長過程中陪伴過我的空地和樹木全都不見了。雖然它們似乎已從世界上消失，卻依然存在於我的心智中，在陽光下閃閃發亮，跟現在的環境重疊在一起。我穿過已無法辨識的建物留下的殘骸與一片雜亂。那年春天我的幾個同事在實驗室裡做實驗，另一些同事忙著思考黑洞跟方程式；我坐在城市裡的一塊空地上，為了沒有答案又頑強乖戾的時間而深感痛苦。不是因為我從未看過落葉，也不是因為一張慈愛的臉孔漸漸變老；而是因為此時此刻我或許碰到了一條隱藏的通道，可以帶我超越我所知道的自然，奔向紛擾俗事背後的真實永恆。

愛因斯坦在《物理年鑑》（*Annalen der Physik*）發表的文章與雷・布萊伯利（Ray Bradbury）的小說《蒲公英酒》（*Dandelion Wine*），都描述了這個困境。

「是的，」班特利太太（Mrs. Bentley）說。「珍，我跟你一樣還是個年輕漂亮的小姑娘時，還有你，艾麗絲……」

「你在開玩笑嗎？」珍笑著說。「你也曾經十歲過嗎，班特利太太？」

「你們給我回去！」班特利太太突然大聲說道，她受不了她們的目光。「我無法容忍你們的嘲笑。」

「你的名字真的叫海倫嗎？」

「當然！」

「再見了，」兩個女孩笑著走過樹蔭下的草地，湯姆慢慢跟在她們身後。「謝謝你請我們吃冰淇淋！」

「我還玩過跳房子呢！」班特利太太在他們身後大聲說道，但他們早已走遠。

過去的殘垣斷壁就在我腳下，而我居然能夠處身於現在，就像班特利太太一樣，我的意識像掃過空地的微風，吹起眼前的落葉，它在時間的邊緣移動著。

「親愛的，」班特利太太說，「你們永遠不會了解時間的，對吧？在你九歲的時候，你以為自己一直都是九歲，也永遠都是九歲。到了三十歲，你以為自己會永遠停留在中年的明亮邊緣上。轉眼到了七十歲，你就永遠都是七十歲了。你雖然活在此時此刻，卻卡在一個年輕的現在跟年老的現在之間；你看不到其他的現在。」

班特利太太的觀察一點也不平凡。時間把一個人跟他的過去（還有他的現在與未來）澈底隔絕，卻讓意識的脈絡永遠延續，這到底是怎麼樣的一種時間呢？假設八十歲是最後的「現在」，但是誰知道時間與空間（現在已被視為直覺的型態，而非不會改變的單獨實體）不是「永遠」的？一隻貓就算生了重病，牠的一雙大眼睛仍會專注看著不停變化的「此時此地萬花筒」。死亡這種想法並不存在，因此死亡的恐懼也不存在。會發生的事情，就會發生。我們相信有死亡，是因為別人說我們終將一死，另外也因為多數人都把自己跟身體緊緊聯繫在一起，而我們知道當身體死去時，一切就隨之結束。

宗教或許對來生有長篇大論的看法，但我們如何分辨真偽？物理學說能量守恆，大腦、心智與生命的感覺都靠電能運作，所以這股能量也像其他能量一樣永遠不會消失。儘管這種說法在理智上聽起來既美好又充滿希望，但我們如何確定死後依然能夠體驗生命的**感覺**？這種感覺讓神經學研究者束手無策，就像跑在一條永無止境、不斷向前延伸的夢境走廊上。

生命宇宙論將意識視為不受時間與空間限制的宇宙，因此任何意義上的死亡都不存在。身體會死去，但死亡並不是一場隨機的撞球，而是建立在無法與生命分割的基礎上。

## 意識結束的機率為零，永恆完全超脫時間

科學家認為他們可以確定個體性（individuality）的起點與終點，而一般人都認為多重宇宙是只會出現在《星際奇兵》（*Stargate*）、《星艦迷航記》和《駭客任務》的虛構想像中。其實這種大眾文化題材包含著重要的科學事實。唯有因為宇宙觀即將改變，這種情況才會加速出現；我們的宇宙觀將從視時間與空間為實體的宇宙，轉變成時間與空間的概念只專屬於生物的宇宙。

目前的科學宇宙觀無法讓害怕死亡的人得到解脫。但為什麼你存在於此時此地，看似湊巧地處身於無限永恆的前端？答案很簡單：門**從來不曾**關上。意識結束的機率等於零。

邏輯的日常經驗把我們放在一個物體來來去去的環境裡，生物跟非生物都有誕生的時刻，無論是鉛筆或貓咪，我們都親眼看見它們在世界上出現、毀滅或消失。這些起點與終點交織成一張邏輯的網。相反地，在本質上不受時間影響的實體，例如愛、美、意識或宇宙，都跳脫了限制的冰冷掌控。因此「萬物」（Great Everything，現在我們把它視為意識的同義詞）無法被歸類為短暫的存在。我們的本能也確認了這一點（在科學的能力範圍內），儘管還沒有論點能夠皆大歡喜地證實永恆的存在。

我們無法記住永恆的時間，但這件事根本無所謂，因為記憶是神經網絡裡一種特別有限也別具選擇性的電路。要回憶虛無的時間是不可能的，因此時間無法透過記憶來定義。

永恆是一種令人著迷的概念，它並不等於沒有時間終點、永遠不滅的存在。永恆並不是無限的時間連續性，而是完全**超脫時間**。數千年來，東方宗教都抱持著生死只是幻覺的觀念，（至少東方宗教的核心教義是這麼說。當然除了核心教義，信徒們也相信為數更多的周邊概念；東方宗教也有教派相信輪迴轉世。）因為意識超越有形的肉身，**內在**與**外在**只是語言上的區隔；事實上，能構成存在的只有生命（Being）或意識。

## 理解的局限

許多人在思考這些問題時，面臨的困難不只是語言受限於自身的二元性而無法提供答案，還包括「事實」取決於理解的程度，因此擁有豐富的層次。科學、哲學、宗教與形而上學最大的挑戰，都是如何應付理解程度、教育、愛好與偏見互異的廣大民眾。

演說技巧高超的科學家站上講臺時，早就知道當天的聽眾是哪些人。物理學家發表科普演說，尤其當聽眾是小孩子的時候，會刻意避開方程式，以免聽眾聽得一頭霧水；碰到像**電子**之類的專有名詞，也需要提出簡短的說明。另一方面，如果聽眾已經有充分的科學背景（例如中學的理化老師），那麼「電子繞行原子的原子核」與「木星繞行太陽」兩個句子裡的名詞他們早已熟悉，不用擔心有人會跟不上。如果聽眾的科學程度更高，是物理學家跟天文學家，那麼這兩個句子都是錯誤的。電子並非真的繞行原子核，而是與中心維持一個可能的距離發出閃光，並且處於機率狀態；在觀察者導致波函數塌縮前，它不會有明確的位置和運動。木星繞行的不是太陽而是重力中心，也就是太空裡的一個空白點；這個空白點不在太陽表面上。太陽跟木星的重力在這個空白點上互相平衡，就像蹺蹺板一樣。在一種情況下的正確論述，在另一種情況下卻是錯誤的。

科學、哲學、形而上學跟宇宙論也是如此。當一個人堅信自己的存在等於身體的存在，宇宙是一個分離、隨機、外在的實體，那麼「死亡不是真實的」這句話在他聽來不僅荒唐，更是虛假的言論。他身體裡的細胞肯定會死光，他以為自己是「獨立的生物」這種虛假而有限的存在感，總有一天也會結束。他會對「來生」提出合理的懷疑：「什麼東西有來生？我腐爛的身軀嗎？怎麼可能？」

更上一層樓的想法是把自己視為一個有生命的實體，或許可說是被裝在身體裡的靈魂。如果他曾經有過心靈方面的體驗，或是出於宗教或哲學信念而相信永恆的靈魂是他的本質的一部分，就比較能夠接受肉身的死去並非真正的結束；在這樣的觀點前，他不會有所動搖，就算他的無神論朋友嘲笑他一廂情願也一樣。

一直以來，死亡只代表一件事：無法避免也沒有模糊地帶的終點。只有被生出來或創造出來的存在才會死，因為它的本質是有限的。祖母傳給你的高級葡萄酒杯摔成碎片就等於死去，你永遠失去它。我們的身體也有誕生的時刻，就算沒有外力介入，細胞經過九十個世代之後也一定會老化與自我毀滅。儘管恆星的壽命長達數十億年，終究有死去的一天。

# 我是誰？

接下來進入最重要也最古老的問題：我是誰？如果我只是這副軀體，那麼我必然會死。如果我是我的意識、經驗與感官，那麼我一定不會死，理由很簡單：雖然意識可用多種形式的順序**表達**，但它絕對是無拘無束的。用比較明確的方式來形容，「活著」的感覺和「我」的感覺——按照科學的解釋——宛如一座能量一百瓦的神經電活動噴泉，相當於一顆發光的燈泡。我們甚至會像燈泡一樣發熱，所以就算待在寒冷冬夜的車子裡也能迅速變暖，尤其是車上除了駕駛之外還有一、兩名乘客的時候。

## 能量永遠不會消失，人死去也同時活著

心存懷疑的人會說，這股內在能量會在死亡時「消失」，但是能量守恆是最正確無誤的科學原理之一。科學已證明能量是永垂不朽的，無法製造也無法消滅，只會改變存在的型態。萬物都有一個能量恆等式，誰也無法逃脫。繼續用汽車當比喻：假設你把車開上山，汽油就是以化學鏈呈現的能量，為汽車提供動力，幫助它對抗重力。隨著汽車愈爬愈高，它消耗燃料的同時也增加了位能。意思就是對抗重力的能量換了一種儲存形式；能量是一張十億年也不會失效的兌換券。

汽車隨時都能兌換這張「位能兌換券」，不如現在就試試，關掉引擎讓汽車滑下山坡。汽車的速度愈來愈快，也就是運動時的動能。這時它利用的是重力位能；雖然它失去了高度，卻得到

了動能。你踩下煞車，煞車皮變燙了，這意味著它的原子正在加速：更多動能。油電混合車利用煞車時的能量為電池充電。簡言之，能量不斷改變型態，卻永遠不會消失一丁點。相同地，你的本質也是一種能量，永遠不會減少或消失，它也無法消失到任何「地方」去。**我們居住的世界是一個封閉系統。**

我最近才真正體認到這件事，因為我妹妹克莉絲汀過世了。當時我正在與一位美聯社的記者傳簡訊，討論科學史上最大的一宗騙局。

**記者：**羅伯，這整件事都很可疑。黃（Hwang）的複製生物報告愈來愈站不住腳，連那間研究中心也一樣。我不知道怎麼解釋黃住院的事……過度戲劇化？還是騙局即將被揭穿的壓力實在太大？……這件事到底會如何收尾？

**蘭薩：**人生就是如此瘋狂！我妹妹剛出了一場車禍，她因為嚴重內出血進了手術室。我剛跟一位醫生談過，他們覺得她活下來的機會不大。這一切似乎非常遙遠又荒謬。我必須趕去醫院了。

**記者：**天啊，羅伯！

克莉絲汀沒有活下來。看過她的遺體後，我走出去跟聚集在醫院的家人說話。我一走進休息室，克莉絲汀的丈夫艾德就開始無法自抑地啜泣。有幾分鐘的時間，我覺得自己好像超越了時間的局域性。我的一隻腳站在現在，被淚水包圍；另一隻腳站在自然的榮耀之中，轉過頭面向太陽的光輝。**又來了，跟丹尼斯意外身亡那次一樣**，我想起那次跟螢火蟲的巧遇，還有每一個生物都擁有多重的物質現實，如同穿門而過的鬼魂般穿越空間與時間。我也想到了雙狹縫實驗，電子同時穿過兩道細縫。我無法懷疑這些實驗的結論：克莉絲汀依然活著卻也已經死去，她超越了時間；但是在我的現實裡，我只能接受這個結果。

克莉絲汀生前過得並不順遂，好不容易才找到自己深愛的男人。我姊姊無法出席她的婚禮，因為幾週前早已安排好要參加撲克比賽；我母親也因為麋鹿會（Elks Club）的重要活動而無法出席。這場婚禮是克莉絲汀這輩子最重要的日子，我們家只有我一個人參加，所以克莉絲汀請我牽她走紅毯，把她的手交給新郎。

婚禮過後不久，克莉絲汀跟丈夫驅車前往夢想中的家，他們才剛剛買下這棟房子。車子經過一段結冰的路面，克莉絲汀被甩出車外，落在一堆積雪上。

「艾德，」她說，「我的腿失去了知覺。」

她沒想到自己的肝臟已裂成兩半，血液湧進腹膜。

愛默生在兒子過世後不久寫道：「生命所受到的威脅遠不如感知。令我悲傷的是，悲傷無法給我任何啟示，也無法讓我進一步了解真正的本質。」只要揭開感知的面紗，就可以更加了解我們與萬物之間的深刻關聯，所有的可能性與潛在性，過去與現在，宏大與微小。

克莉絲汀最近瘦了約四、五十公斤，艾德買了一副鑽石耳環要給她驚喜。雖然迫不及待（我承認），但無論克莉絲汀跟我還有這場奇妙的意識遊戲將以何種形式呈現，我知道下次遇到她的時候，戴上這副耳環的她一定很美……

第二十章

# 放眼未來

## ——生命宇宙論的時代即將來臨

透過更新、更聰明的巨觀量子實驗，生命宇宙論的直接證據將會陸續出現，主流物理學界將漸漸願意承認意識的重要性，以及物理學單打獨鬥的時代已經結束。

生命宇宙論以科學為基礎改變了宇宙觀，融入不同的研究領域。無論從短期或長期看來，生命宇宙論都提供了自證的機會；我們也可以它為出發點，了解目前仍無法理解的生物學與物理學領域。

## 逐漸承認仰賴意識的物理實驗

透過更新、更聰明的巨觀量子實驗，生命宇宙論的直接證據將會陸續出現。正如同之前所介紹的，量子實驗已經跨入肉眼可見的世界。隨著巨觀領域的實驗增加，受觀察者影響的實驗結果將令人無法「視而不見」。簡言之，量子論本身必須設法解釋這些奇特的實驗結果，而最合乎邏輯的解釋就是生命宇宙論。

艾爾米拉．伊莎娃（Elmira A. Isaeva）在二〇〇八年《物理學進展》期刊（*Progress in Physics*）的文章裡提到：「量子物理的問題出在，做為量子測量的另一種選擇和意識功能的哲學問題，它與兩者都有密切的關聯。在解開這兩個問題的過程中，量子力學實驗可能會牽涉大腦與意識的運作機制，為意識理論提供嶄新的基礎。」這樣的看法居然出現在物理學期刊裡！

這篇文章也進一步討論了「仰賴意識的物理實驗」。主流物理學界將會像這篇文章一樣，漸漸願意承認意識的重要性以及物理學單打獨鬥的時代已經結束，直到這些看法變成確立的典範，而不只是惱人的分支。

## 放大規模的疊加實驗

為了達成這個目標，放大規模的疊加實驗將會確認在分子、原子與次原子尺度上觀察到的奇特量子效應，會不會同樣出現在巨觀的結構裡：例如桌子跟椅子。這將是非常有趣的實驗。巨觀物體受到干擾之前是否擁有不只一種狀態、存在於不只一個地方，一直等到塌縮後才離開「疊加」狀態，形成單一結果。實驗上無法觀察到這樣的結果，原因很多；最主要的原因是噪音（來自光、生物等因素的干擾），但無論結果如何，應該都能帶來啟發。

當然包括大腦結構、神經科學，以及最重要的意識研究。雖然並不樂觀，但本書的兩位作者都對短期內的進展抱持著希望，原因已略述於第十九章。

## 持續研究人工智慧

這個領域尚處於萌芽階段。隨著強大的電腦能力持續迅速增強，幾乎沒人懷疑本世紀的研究者將以更認真、更實用和更有幫助的方式處理相關問題。當那天到來，我們會發現「思考裝置」需要跟人類相同的運算法才能利用時間和發展空間感。當如此精密的電路發展完成（可能比人類大腦研究更快），將會揭露時間與空間的真實性和型態完全取決於觀察者。

## 自由意志實驗

此外，密切關注目前的自由意志（free will）實驗也很有趣。生命宇宙論並不需要個人的自由意志，但是也不排斥自由意志；不過生命宇宙論似乎更加符合包羅萬象、以意識為基礎的宇宙。利貝特與其他人以之前的研究為基礎所做的實驗於二〇〇八年發表結果，證明在大腦獨立作業的情況下，盯著大腦掃描螢幕的觀察者可以提前十秒鐘預測受試者「決定」舉起哪隻手。

最後，我們也必須考慮建立大統一理論的長期努力。這方面的物理研究極為冗長，動輒耗費數十年，成效也非常有限；最大的成就是為不少理論家和研究生提供財務支援。這些研究也一直讓人覺得「不對勁」。把有生命的宇宙或意識納入考量（或是像惠勒那樣堅持把觀察者也視為影響因素），至少可以得到兼具生物與非生物的綜合結果，或許能讓相關研究更加順利。

目前，生物學、物理學、宇宙論和相關分支都對其他領域所知甚少。想要得到包含生命宇宙論的具體結果，可能需要透過跨領域的合作。本書兩位作者相信這樣的合作遲早會到來。

畢竟，時間算什麼？

# 致謝

感謝出版商葛藍・耶費斯（Glenn Yeffeth）、娜娜・奈思比（Nana Naisbitt）、羅伯・法根（Robert Faggen）和喬・帕帕拉多（Joe Pappalardo）提供本書寶貴的協助。另外也要感謝艾倫・麥克奈特（Alan McKnight）的插圖與班・邁提森（Ben Mathiesen）提供的附錄資料。當然，如果少了我們的經紀人艾爾・祖克曼（Al Zuckerman），這本書就不可能誕生。

本書內容曾以不同的篇章各自刊登在《新科學人》（*New Scientist*）、《美國學人》（*American Scholar*）、《人類學家》（*Humanist*）、《生物學與醫學觀點》（*Perspectives in Biology and Medicine*）、《洋基》（*Yankee*）雜誌、《Capper's》農牧雜誌、《*Grit*》雙月刊、《世界與我》（*World & I*）、《太平洋探索》（*Pacific Discovery*）及其他文學期刊，包括《西馬隆評論》（*Cimarron Review*）、《俄亥俄評論》（*Ohio Review*）、《安提哥尼什評論》（*Antigonish Review*）、《德州評論》（*Texas Review*）與《高原文學評論》（*High Plains Literary Review*）。

【附錄一】

# 勞倫茲變換式

最有名的科學公式來自十九世紀末亨德里克・勞倫茲的聰明腦袋。勞倫茲變換式是相對論的基礎，也讓我們看見空間、距離與時間的無常本質。這個變換式看似複雜，其實不然：

$$\Delta T = t\sqrt{1-v^2/c^2}$$

勞倫茲變換式計算感知時間的變化，其實它沒有表面上那麼複雜。Δ意指改變，T意指時間，因此ΔT就是經過多少時間（根據你自己的感知）。小寫的t代表地球上的時間，假設是一年，所以我們可以算出對布魯克林區的人來說過了一年，對你來說過了多久（T）。這個單純的「一年」（t）經過勞倫茲變換式的計算，也就是先乘以根號1，再減去你的速度$v^2$除以光速平方$c^2$得到的商。把所有的速度換算成相同單位，就能知道你的時間變慢了多少。

舉例來說：如果你的速度是子彈的兩倍，也就是每秒一哩，那麼$v^2$就等於1×1（等於1），然後再除以光速的平方（光速每秒186,282哩，平方約為35,000,000,000），就會得到一個極小的分數，小到微乎其微。等式右邊的1減去一個極小的數，得到的結果依然非常接近1。

因為1的平方根是1，t等於1（地球上過一年），1 × 1還是1。也就是說，以子彈的兩倍速度運動（每秒一哩）雖然很快，就相對論而言，時間的改變非常微小。

假設速度真的非常快，像光速一樣快，因此 $v^2/c^2$ = 1/1，得到的商是1。根號裡的數字變成1－1，也就是0。0的平方根等於0，乘以地球上經過的時間同樣等於0。時間消失了。如果你以光速運動，時間就會靜止。只要知道地球上經過多少時間，都可以代入任何速度（v）算出對太空人來說經過多久。勞倫茲變換式也能算出太空旅人的長度縮短了多少，只要用長度（L）取代速度（V）就行了。它也能用來計算質量的增加，只是最後必須用1來除（也就是倒數），因為質量不像時間跟長度會隨著速度增加而減少，質量的增加跟速度成正比。

**※註解：**

補償現象（compensatory phenomena）的動態機制可能會引發一個疑問。觀察物質結構後，我們知道電子每秒繞行原子核無數次，而原子核內部的核粒子（nuclear particle）每秒自旋的次數遠遠超過電子繞行原子核。我們也知道核粒子本身由更小的夸克（quark）組成。目前物理學家已將物質分為五級：分子、原子、核子、強子（radronic）與夸克。有些科學家認為這已經是極限，但可以想像的是隨著粒子愈來愈小，自旋的速度愈來愈快，物質就會轉變成能量運動。事實上，有證據顯示夸克可能也有內部結構，這樣的結構過去被認為並不存在。

龐加萊認為，答案可能藏在這結構的動力學之中。量測桿與時鐘所展現的奇特運動效應，如果是因為物質內部含有多重組態形成的能量（粒子內部的粒子繞行）就非常合理。因為能量的速度恆常不變（也就是光速），所以這樣的複合結構不會自動改變速度，除非物體的內部組態先出現改變。龐加萊跟勞倫茲說的都對：量測桿跟時鐘都不是剛性的。它們的確會縮短，而縮短的程度必定會隨著運動速度變快而增加。

想像一下物體的速度加快到光速。我們立刻就能看出它之所以能達到光速，是因為它的內能（internal energy）沿著直線運動。物理上來說，這個物體會縮短，因為物體縮得愈短，沿著物體運動軸的內部運動就愈不會被「綁住」。因此，以光速運動時，時鐘零件彼此之間不存在著相對運動。時鐘無法繼續計時。計時必定會停止。一個簡單的直角三角形加上同樣簡單的畢氏定理就能證明這一點：如果時鐘內部存在著任何運動，時鐘零件的速度一定會超過光速。質量與縮短的程度成正比，正如勞倫茲證實過的，電子等粒子的質量跟它的半徑（或體積變化）成反比。其實只要用高中程度的數學，就能輕鬆證明這些改變會根據勞倫茲和龐加萊的方程式變化；狹義相對論包含了這兩位物理學家的方程式。

以動物感知的形式就能輕鬆地讓空間與時間恢復原狀。它們屬於我們，不屬於現實世界。愛默生曾寫道：「如果個別測量每一個人對抗（大自然）的力，或許很容易覺得我們在無法戰勝的命運面前有多渺小。但是，如果我們不要將自己視為作品，而是讓作者的靈魂透過我們流露出來，就能發現早晨的寧靜會先出現在心中，至於重力與化學的不可思議力量，還有超越它們的、生命的不可思議力量，早就以最崇高的型態存在於我們體內。」

【附錄二】

# 愛因斯坦的相對論與生命宇宙論

在愛因斯坦相對論中扮演關鍵角色的「空間」，能以科學方法輕鬆推導並還原成獨立的實體，因此相對論的實用結論可以繼續成立並發揮功能。以下的說明以物理學為基礎，略過大部分的數學公式。內容有些枯燥，建議不小心被困在巴士站兩、三個小時（或類似的情況）再看這篇附錄。

如果用這段敘述補充歐氏幾何學：「實質剛性物體上兩點之間的距離永遠相同（線段），無論我們對這個物體的位置做出任何改變都不會影響這段距離」，那麼歐式幾何學的命題就會變成實質剛性物體相對位置的命題。**（相對論）**

這個空間定義並非毫無破綻。從實際的觀點來說，這個定義把一般的空間觀念建立在非物理的理想化上：一個完全剛性的物體。就算特別注明是「實質剛性」，這個理論依然無法逃脫理想化的後果。對愛因斯坦來說，空間是用物體測量的東西，他對空間的客觀數學定義不能少了完全剛性的量測桿。

你或許會說，這些量測桿可以做得非常小（愈小剛性愈高），但是我們現在知道微小的量測桿反而剛性**更低**，而不是更高。把原子或電子一顆顆排列起來測量空間是非常荒謬的想法。在愛因斯坦狹義相對論的基礎上，能做到最好的距離測量是一致的統計平均數。甚至連狹義相對論本身也不甚支持這樣的想法，因為狹義相對論認為測量結果取決於觀察者與被測量物體之間的相對運動狀態。

從哲學的角度來說，愛因斯坦遵循了物理學家的偉大傳統，那就是假設自己的感覺現象符合客觀的外在現實。但是數學上客觀的理想化空間已不再適用。我們認為空間更適當的定義是外在現實的一種**萌生**特性（emergent property），基本上取決於意識。

達成這個目標的第一個步驟是仔細思考狹義相對論，並且質疑在少了剛性量測桿或實體的情況下，它是否能夠合理地成立。讓我們看看愛因斯坦的兩大公設：

一、真空中的光速對所有的觀察者來說都一樣。

二、物理定律對處於慣性運動的觀察者來說都一樣。

**速度**暗示著客觀空間的存在，也是這兩大公設不可或缺的前提。這裡擺脫不了速度，因為我們對已知物體最簡單也最容易測量的就是它們的空間特色。如果我們拋棄客觀空間的**先驗**公設，還剩下什麼？

會剩下兩樣東西：**時間**與**物質**。如果我們檢視內在意識，會發現空間並非必要因素。宣稱意識具有實質範圍根本毫無意義。我們知道意識狀態會變化（否則想法不會如此稍縱即逝），所以時間的存在合情合理，因為我們通常把改變理解為時間。

從實質的角度來說，意識的本質必定跟外在現實的本質相同；就像大統一場與它的各種低能面貌（low-energy incarnations）。其中一種面貌是真空場（vacuum field），因為真正「空無一物的空間」已被扔到科學史的垃圾堆裡。

此外，我們或許能說光確實存在，或是更廣義地說，統一場裡有一種持續的、自動傳播的改變。接下來為了方便討論，我們把大統一場簡稱為**場**。所謂的**光**包含對這個場沒有質量、自動傳播的干擾。

愛因斯坦討論了光與空間。我們或許可以從光與時間下手，把兩者都視為真實；畢竟狹義相對論的第一個公設就已指出空間與時間有關，它們的關係建立在一個基本自然常數上，也就是光速。因此，如果我們假設場的存在，而光在場裡傳播，就能找到一個不需要依賴任何實體量測桿的空間定義。愛因斯坦自己就常在研究裡使用這個定義：

距離＝$(c\Delta t/2)$

$t$是從觀察者發出光脈衝，光脈衝打到物體再反射回觀察者的所需時間。$c$是必須測量的場的基本特性，暫時不需要給它任何物理單位。我們先假設場有一個恆常不變的性質與光的傳播有關，會導致光在場內從A點傳到B點時有所延遲。

當然，這個定義成立的前提是觀察者與物體之間並非處於相對運動狀態。幸好，只要堅稱用這種方式測量距離的列序在統計上恆常不變，就能夠輕鬆定義靜止狀態。假設場的組態是至少有一個觀察者與數個物體（當然也是由場構成的），觀察者就可以為空間座標系提供下列定義：

一、利用一長串的反射光訊號，找出距離沒有隨著時間改變的物體。

二、如果有一個以上的不同物體距離相同，或許也能定義**方向**。只要物體的數量夠多，就可斷定出三個獨立的（巨觀的）方向。

三、有意識的觀察者可以提出距離的三維座標系來建立一個場的模式。

因此，愛因斯坦的第一個假設可以合理地用以下的論述取代：

一、在自然的基本場裡，光需要有限的時間才能在兩點之間傳播。

二、如果延遲不會隨著時間改變，就可說場內的這兩點對彼此來說處於靜止狀態，兩點之間的距離可定義為 $ct/2$，$c$ 是場的基本特性，最後將以其他方式測量。（例如它與其他自然基本常數之間的關係。）

請注意這種距離結構不需要任何空間的**先驗**假設。我們只需假設場的存在與場內的特定區域彼此互異。換句話說，我們假設場內（與場）有複數實體的存在，它們可以透過光互相溝通（光也是場的特性）。

狹義相對論的第二個基礎是慣性運動。我們已從場與光的假設中推導出空間座標系和速度，所以可以直接把慣性運動定義為實體相互關係（觀察者與外在物體）的一種特性。如果時間延遲是時間的線性函數，對觀察者來說，物體處於慣性運動狀態。也就是：

$$距離 = (c\Delta t/2) = vt$$

這裡討論的時間量度有兩種：以時間延遲$t$所定義的距離，而$t$是測量開始之後經過的總時間。值得注意的是，物體的距離$d$與速度$v$只能透過離散的時間延遲才能加以定義。

對所有慣性觀察者來說，物理定律都必須是相同的，就像場必須符合勞倫茲不變性。這個觀念可以用很多方式描述，不過最簡單的方式是把時空區間$\Delta s$定義為：

$$\Delta s^2 = c^2\Delta t^2 - \Delta x^2 - \Delta y^2 - \Delta z^2$$

這個等式裡的$\Delta$有些過分講究，因為每一個觀察者都會把自己在座標系裡位置定義為零。

$\Delta s$的不變性或許可視為複數觀察者必須達成共識的場與外在現實的特性。為了讓狹義相對論更加完整，兩個觀察者可以在不考慮彼此關係的情況下對Δs達成共識，前提是雙方對彼此都處於慣性運動狀態。

於是，狹義相對論的著名結果隨之出現。最後的結果是，我們證明了狹義相對論不需要固定不變的客觀空間也能成立；如果一開始就假設統一場的存在，即可主張場內的干擾為場內各區提供一個自治關係（self-consistent relationship）。

像這樣把空間從假設中剔除似乎毫無意義，畢竟，距離是非常符合直覺的觀念，而量子場卻違背直覺。意識似乎本來就很適合用來詮釋意識本身與其他實體的空間關係，也沒有人可以否認這樣的確很方便。可是如前言所述，空間的數學抽象性無法用現代理論解釋。為了結合廣義相對論與量子場論，空間曾被放大、縮小、量化，甚至曾被澈底分解。空無一物的空間曾被視為實驗科學上的勝利（諷刺的是，它也是支持狹義相對論的偉大結果之一），現在卻成了二十世紀科學界獨有的錯誤觀念。

# 宇宙從我心中生起：
## 21世紀的革命性理論「生命宇宙論」，生命和意識才是了解這個宇宙的關鍵
Biocentrism: How Life and Consciousness are the Keys to Understanding the True Nature of the Universe

---

作　　者　羅伯·蘭薩（Robert Lanza MD）、
　　　　　鮑伯·博曼（Bob Berman）
翻　　譯　隋芃
選　　書　周本驥
封面設計　郭彥宏
內頁排版　高巧怡
行銷企劃　蕭浩仰、江紫涓
行銷統籌　駱漢琦
業務發行　邱紹溢
營運顧問　郭其彬
校　　對　石曉蓉
副總編輯　劉文琪
總 編 輯　李亞南
出　　版　地平線文化／漫遊者文化事業股份有限公司
地　　址　台北市松山區復興北路331號4樓
電　　話　(02) 2715-2022
傳　　真　(02) 2715-2021
服務信箱　service@azothbooks.com
網路書店　www.azothbooks.com
臉　　書　www.facebook.com/azothbooks.read
營運統籌　大雁文化事業股份有限公司
地　　址　台北市松山區復興北路333號11樓之4
劃撥帳號　50022001
戶　　名　漫遊者文化事業股份有限公司
二版一刷　2023年4月
定　　價　台幣450元

ISBN　978-626-95945-6-6




國家圖書館出版品預行編目 (CIP) 資料

宇宙從我心中生起 : 21 世紀的革命性理論「生命宇宙論」, 生命和意識才是了解這個宇宙的關鍵/ 羅伯. 蘭薩(Robert Lanza), 鮑伯. 博曼(Bob Berman) 著 ; 隋芃譯. -- 二版. -- 臺北市 : 地平線文化, 漫遊者文化事業股份有限公司出版 : 大雁文化事業股份有限公司發行, 2023.04
　面；　公分
譯自 : Biocentrism : how life and consciousness are the keys to understanding the true nature of the universe
ISBN 978-626-95945-6-6( 平裝)
1.CST: 生命科學 2.CST: 宇宙論 3.CST: 通俗作品
360　　112004061